图灵程序
设计丛书

U0394173

程序员的数学④
图论入门

[日] 宫崎修一 / 著　卢晓南 / 译

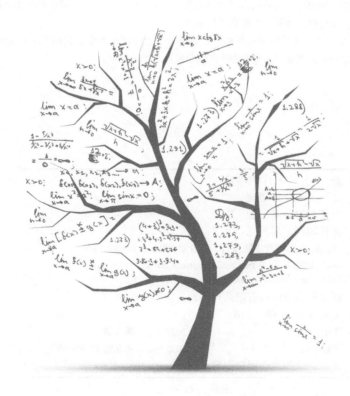

人民邮电出版社

北　京

图书在版编目（CIP）数据

程序员的数学. 4, 图论入门 / （日）宫崎修一著；
卢晓南译. -- 北京：人民邮电出版社，2022.6
　　（图灵程序设计丛书）
　　ISBN 978-7-115-58398-7

Ⅰ. ①程… Ⅱ. ①宫… ②卢… Ⅲ. ①电子计算机—
数学基础②图论 Ⅳ. ①TP301.6②O157.5

中国版本图书馆CIP数据核字(2021)第270616号

内 容 提 要

　　本书沿袭"程序员的数学"系列平易近人的风格，用简练的语言和丰富的示例向程序员介绍了编程中所需的图论基础知识。内容包括最小生成树、最短路径问题、欧拉回路、哈密顿圈、图着色、最大流问题和匹配问题等。本书并未枯燥地讲解理论，而是通过大量代入了具体数值的示例，引导读者理解图论中的概念和定理。在讲解图算法时还详细拆分了算法的执行步骤，以便读者加深理解。

　　本书是图论入门佳作，适合刚开始学习图论的读者阅读，也可用作大专院校相关专业的教学参考书。另外，想要挑战程序设计竞赛的读者也可通过本书巩固图论基础、查漏补缺。

◆ 著　　　　[日] 宫崎修一
　　译　　　　卢晓南
　　责任编辑　高宇涵
　　责任印制　周昇亮

◆ 人民邮电出版社出版发行　　北京市丰台区成寿寺路 11 号
　　邮编　100164　电子邮件　315@ptpress.com.cn
　　网址　https://www.ptpress.com.cn
　　固安县铭成印刷有限公司印刷

◆ 开本：800×1000　1/16
　　印张：9.25　　　　　　　2022 年 6 月第 1 版
　　字数：92 千字　　　　　2025 年 2 月河北第 15 次印刷

著作权合同登记号　图字：01-2020-4009号

定价：49.80 元
读者服务热线：(010) 84084456-6009　印装质量热线：(010) 81055316
反盗版热线：(010) 81055315

译者序

  图论作为离散数学的一个分支，主要是研究图的内在结构，探索其中的组合性质、代数性质和拓扑性质，找到满足特殊条件的"好图"等。同时，图算法早已成为计算机专业本科阶段就会接触的算法，是算法与数据结构课程中必不可少的内容，说它在现代计算机科学中随处可见也不为过。此外，在管理科学等专业，图论也是运筹学课程中不可或缺的基础。

  根据我在数学系、信息科学系的求学经历，以及在管理系、计算机系的教学经历和观察，无论是在中国还是在日本，计算机、信息科学、管理科学等相关科系都鲜有开设专门的图论课程，图论的内容大多数是作为离散数学、算法与数据结构或者运筹学课程的一部分，分散在不同的时期讲授。同样，在数学系（包括应用数学系、信息与计算科学系），开设有图论课程的学校也是少数，并且其中大多数是将图论作为专业选修课安排在本科高年级或者硕士阶段。其实，无论是学生还是已经参加工作的人，学习入门级图论知识的门槛并不高，甚至说只需要高中数学基础就足够了。但是，如果学习者在没有准备的状态下直接进入图论的学习，很可能会被扑面而来的定义和定理冲昏头脑——因为图论在思维方式上与大家习惯的连续型数学（以高中学习的初等函数以及微积分为基础的数学）有本质区别。因此，我觉得作为描述关系和结构的数学，以图论为代表的离散数学，特别是其中的入门级内容，完全可以尽早开始学习。在这种前提下，浅显易懂、适合入门的图书就显得难能可贵了。这也是我决定翻译本书的主要原因之一。无论你的专业是计算机、信息科学、管理科学，还是（非组合数学方向的）数学，无论你的工作是否与编程打交道，本书都可以用于快速入门图论。

从计算机领域的角度讲，本书内容已经涵盖了编程必备的基础图论知识。另外，在学习或者实现图算法的过程中，我相信大家都是左手书（计算机）、右手草稿纸这样同时开工的，否则很难建立直观感受。为了验证算法的正确性、评价算法的效率，我们往往还要对作为算法输入的图进行具体的考察。此时，本书的另一大特点"图多"就能帮助大家省掉自己在草稿纸上花的一些工夫。所以，大家在读这本书时，千万不要忽略书中的图！

从专业组合数学的角度讲，这本书虽然有些"小儿科"，缺少了一些严谨性，但也不乏可借鉴之处。组合数学的工作形式和其他数学方向一样，也是发现和证明定理。在发现和证明的过程中，举例子和举反例往往是一项相当耗费时间和草稿纸的工作。本书中的例子以及证明定理时"不严谨"的过程，反而恰恰能给学习者带来启发。

最后，作为本书译者，同时身为离散数学研究者，我希望大家喜欢图论，喜欢离散数学。感谢图灵公司引进本书，感谢图灵公司的编辑对译文的精心审读和校阅。

卢晓南

2021 年 9 月于日本甲府

前　言

　　作为离散数学的一个分支，图论不仅在理论上颇有深度，在利用计算机求解很多现实问题方面也是一个很重要的工具。例如，在计划安排、网络设计、路径搜索等问题上，图论就展现出了它实用的一面。

　　本书是面向想要学习图论的读者写的一本入门书。

　　笔者从 2012 年开始为京都大学工学部的本科生开设"图论"课程。本书正是在该课程内容的基础上总结而成的。在课程设置上，笔者并没有使用现成的教科书，而是从自己的观点出发，选取了一些对于信息类、计算机类专业来说非常重要的主题。虽然课程中已经囊括了所有必要的概念，即使没有教科书，学生也能学到图论的知识，但依然有很多学生希望能有教材方便自学。这就是笔者撰写本书的动机。

　　一般来讲，在学习的最初阶段，我们会从具体的例子入手。因此，就算多多少少要牺牲一些严密性，本书也使用了很多例子来进行说明，以确保内容通俗易懂。比如，对于任意图都成立的定理，原本应采取一般性的证明，但在本书中，如果笔者认为一般性证明很难理解，就会采用具体的例子来讲解证明过程。同样，在描述算法时，为了确保正确性，按道理应该给出伪代码，但本书还是用具体的例子对算法的运行过程进行了说明，以尽可能帮助大家理解。按照例子先行的做法，本书把重点放在了导入部分。笔者认为这也正是本书作为入门书应该扮演的角色，至于更严密的论述，就交给其他专业书来完成了。另外，本书正文中还穿插了一些练习题，其中一些就算列为定理也不为过。之所以这样安排，是希望读者能在一边读书一边解题的过程中，更加积极地进行学习。

最后想要说明的是，本书中介绍的定理、证明、算法等都不是笔者原创的，而是参考了其他图论教科书。关于这点，正文中就不再一一指出了。不过，如前所述，对于如何进行说明、如何讲得通俗易懂，笔者确实下了一番功夫。

本书的面世离不开很多人的帮助。首先要感谢的，是让笔者有机会讲授"图论"课程的京都大学研究生院信息学研究科教授岩间一雄。岩间教授也是笔者的博士生导师，不管是笔者当学生的时候还是取得博士学位后，他都给予了笔者很多指导，借此机会笔者深表谢意。其次，本课程的前任任课老师，电气通信大学的伊藤大雄教授，在课程设置阶段为笔者提供了之前他使用的讲义教材，供笔者参考。正因为有了伊藤教授的帮助，"图论"课程以及本书的内容才能以更加丰富的面貌呈现给大家。另外，本课程的助教，即当时在京都大学研究生院信息学研究科攻读硕士学位的楠本充和酒井隆行，也对课程给予了很多帮助和支持。本书的章末习题中，有一些问题的原型就是他们给学生出的练习题。最后，感谢森北出版社的两位编辑——富井晃和田中芳实。富井编辑对于本书的出版提出了不少建议，在选题策划阶段也多次对全书结构提出了宝贵的意见；田中编辑则在编校阶段细致地检查了书稿全文，特别是对图和内文的书面表达提出了很多建议，大幅提升了本书的可读性。在此，由衷地对二位表示感谢。

宫崎修一

2015 年 4 月

关于本书的意见、感想和勘误信息，可通过以下网址提交。

ituring.cn/book/2853

　　本书在出版时尽可能地确保了内容的正确性，但对于运用本书内容的一切结果，本书
作译者和出版社概不负责。

目　录

第 1 章　图的基础知识

本章介绍图的基础知识。1.1 节介绍图的基本概念，1.2 节给出图的正式定义。同样的图可以用不同的方式表达，在 1.2 节中我们会看到图的几种不同表达形式。1.3 节介绍图论中的基本术语和图的基本性质。1.4 节会介绍几类特殊的图。在本章最后的 1.5 节中，我们会接触图的度序列。

1.1　什么是图

提到**图**（graph）这个词，恐怕很多读者的脑海中马上会浮现出柱状图、饼图，或者函数 $y = f(x)$ 在 xy 平面上的图像。但是，在离散数学和计算机科学等领域，"图"往往指的是由多个点以及连接这些点的线所构成的对象（参见图 1.1）。

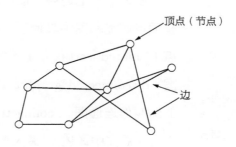

图 1.1　图

这些点称为**顶点**（vertex）或者**节点**①。本书中一律使用"顶点"一词。连接各点的线称为**边**（edge）。同一对顶点之间的多条边称为**平行边**（parallel edges）。从同一个顶点连接到自己的边称为**自环边**（self-loop）（参见图 1.2）。没有平行边也没有自环边的图称为**简单图**（simple graph）。一般情况下我们会考虑带有平行边和自环边的图，但在本书中，如果没有特别说明，只讨论简单图。

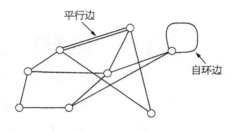

图 1.2　非简单图

图并不一定是各个顶点连在一起的整体（参见图 1.3）。有些顶点可能和图中其他顶点都不相连，这样的顶点称为**孤立顶点**（isolated vertex），这种没有连成一个整体的图称为**非连通图**（disconnected graph）。与之相对，图 1.1 那种连成一个整体的图叫作**连通图**（connected graph）（连通、非连通的严格定义将在后文中详述）。最大程度保持连通性的部分称为**连通分支**（connected component）。图 1.3 包含三个连通分支。

① 英文中常用的说法有 vertex 和 node，前者往往译为"顶点"，而后者多译为"节点"。
　　　　——译者注

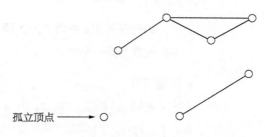

图 1.3 非连通图

　　对图来讲，顶点与顶点之间是否相连最为重要，至于图在平面上如何描画，就没那么重要了（也有重视描画的情况，这个话题将在后文中详述）。比如，图 1.4 中的两个图虽然看起来不同，但是从本质上来说是同一个图。我们称这样的两个图**同构**（isomorphic）（同构的定义会在 1.3 节中详述）。

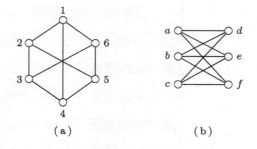

图 1.4 两个图同构的情况

问题 1.1 ●━━━━━━━━━━━━━━━━━━━━━━━━━━━━━●

如何在图 1.4 中两个图的顶点之间建立对应关系，使这两个图可以被视为同一个图？

解答 1.1

将图 (a) 的顶点 1、2、3、4、5、6 分别对应到图 (b) 的顶点 a、d、b、e、c、f 即可。

图可以表达现实世界中各种各样的结构，用起来很方便。比如，用顶点表示人，如果两个人是好友，就在对应的顶点之间建立一条边，这样就可以构造出好友关系图。另外，我们也可以将车站作为顶点，在相邻两站之间连上边，就可以得到路线图。再比如，将网络设备路由器或者交换机作为顶点，在有物理连接的设备之间建立边，就能得到表示网络物理结构的图。

上面的例子都只表现了图中两个顶点是否相连，或者说二者之间是否建立了某种关系，但有时，我们还想在图中体现相连的二者之间的关联性有多强。比如，两个人有多要好？路线图中两站之间的距离有多远？两个路由器之间通道的带宽有多大？这时就要用到**赋权图**[①]（weighted graph）。如图 1.5a 所示，在赋权图中，每条边都会被赋予一个非负整数值，这个非负整数值称为边的**权值**[②]（weight）。根据需要，有时也会用到负的权值。同样，如果想要体现顶点的重要程度，我们也可以对顶点赋权值。这时，为了区分是对边赋权值还是对顶点赋权值，我们会用到**边**

[①] 也称带权图。
———译者注

[②] 也称权重，或者权。
———译者注

赋权图（edge-weighted graph）、**顶点赋权图**（vertex-weighted graph）这样的术语。本书中主要讨论边赋权图，如果没有特别说明，只要提到"赋权图"，都是指边赋权图。

此外，在事物的关系中也常会出现两个对象之间存在方向性的情形。例如，我们构造这样一个图：将网页作为图的顶点，如果在一个网页中有指向另一个网页的链接，则在二者之间建立一条边。虽然根据这个图可知哪两个页面之间存在链接，但链接的方向信息已不复存在。这时，边被赋予方向的**有向图**（directed graph）就派上了用场，具体如图 1.5b 所示。与有向图相对，之前笔者介绍的图都称为**无向图**（undirected graph）。在本书中，只要没有特别说明，图指的都是无向图。

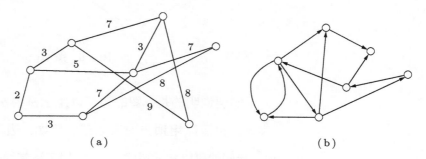

图 1.5　赋权图与有向图

1.2   图的表示法

在本节中，笔者先给出图的正式定义，然后讲解图的几种表示方法。

图的正式定义如下所示。

$$G = (V, E)$$

其中，V 是顶点的集合，E 是边的集合。例如，在图 1.6 中，令 $V_1 = \{1, 2, 3, 4\}$，$E_1 = \{a, b, c, d, e\}$，就得到了图 $G_1 = (V_1, E_1)$。

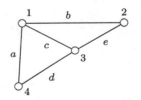

图 1.6   图 G_1

需要说明的是，图的边可以用示例中 b、d 等单独的名称来表示，也可以用顶点对来表示。例如，边 c 连接顶点 1 和顶点 3，我们就可以将 c 写成 $(1, 3)$。为了清楚地表示二者的关系，有时还会直接写成 $c = (1, 3)$。对于无向图，由于不考虑顶点之间的顺序，所以边可以定义为两个顶点组成的集合。此时，正确的写法是 $c = \{1, 3\}$，不过我们习惯上会写成 $c = (1, 3)$。还有一种非常常见的表示方法，那就是给 v 和 e 添加下标，把顶点记为

v_1、v_2，把边记为 e_1、e_2。为了看起来更加清晰，在不引起混淆的前提下，本书会按照例子中的写法，直接用 1、2 以及 a、b 这样的数字和字母来表示顶点和边。另外，如果没有必要，也可以不给顶点和边命名。

我们通常用 n 表示图的顶点数，用 m 表示图的边数。也就是说，对于图 $G = (V, E)$，有 $n = |V|$ 及 $m = |E|$。以图 1.6 的图 G_1 为例，$n = 4$，$m = 5$。

如果两个顶点之间有边相连，则称这两个顶点是**相邻的**（adjacent）。例如，在图 1.6 的图 G_1 中，顶点 1 和顶点 3 是相邻的。对边来说，我们说边与它一端的顶点**关联**（incident）。在图 1.6 的图 G_1 中，顶点 1 和边 c 关联。

有向图的边通常称为**有向边**（directed edge）或**弧**（arc）。弧 (u, v) 表示从 u 出发指向 v 方向的有向边，所以，(u, v) 和 (v, u) 表示不同的弧。前面提到无向图通常用 $G = (V, E)$ 来表示，有向图则常用 $D = (V, A)$ 来表示，其中 D 和 A 分别是 directed graph 和 arc 的首字母。

在计算机程序中表示图的主要方式有**邻接矩阵**（adjacency matrix）、**关联矩阵**（incidence matrix）和**邻接表**（adjacency list）。图 1.6 中图 G_1 的邻接矩阵、关联矩阵和邻接表如图 1.7 所示。

$$
\begin{array}{c}
\begin{array}{cccc}
 & 1 & 2 & 3 & 4
\end{array}\\
\begin{array}{c}1\\2\\3\\4\end{array}
\left[\begin{array}{cccc}
0 & 1 & 1 & 1\\
1 & 0 & 1 & 0\\
1 & 1 & 0 & 1\\
1 & 0 & 1 & 0
\end{array}\right]
\end{array}
\qquad
\begin{array}{c}
\begin{array}{ccccc}
 & a & b & c & d & e
\end{array}\\
\begin{array}{c}1\\2\\3\\4\end{array}
\left[\begin{array}{ccccc}
1 & 1 & 1 & 0 & 0\\
0 & 1 & 0 & 0 & 1\\
0 & 0 & 1 & 1 & 1\\
1 & 0 & 0 & 1 & 0
\end{array}\right]
\end{array}
\qquad
\begin{array}{l}
1: \to a \to b \to c\\
2: \to b \to e\\
3: \to c \to d \to e\\
4: \to a \to d
\end{array}
$$

$$
\text{(a) 邻接矩阵} \qquad\qquad \text{(b) 关联矩阵} \qquad\qquad \text{(c) 邻接表}
$$

图 1.7   图 G_1 的邻接矩阵、关联矩阵和邻接表

有 n 个顶点的图 G，其**邻接矩阵**是 $n \times n$ 矩阵。各行各列对应图的顶点。在图 G 中，如果顶点 i 和顶点 j 相邻，则邻接矩阵的元素 (i, j) 为 1；若不相邻，则元素 (i, j) 为 0。根据以上定义，图的邻接矩阵是对称矩阵。

有 n 个顶点 m 条边的图 G，其**关联矩阵**是 $n \times m$ 矩阵。矩阵的行对应各顶点，列对应各边。在图 G 中，如果顶点 i 和边 j 关联，则关联矩阵的元素 (i, j) 为 1；若不关联，则元素 (i, j) 为 0。根据以上定义，在图的关联矩阵中，每列都恰好有两个 1。

邻接表是一种链表。它以图的顶点为起点，将与该顶点关联的边以任意顺序连接起来。比如，对于某顶点，当需要遍历与之关联的所有边时，如果使用的是邻接矩阵或者关联矩阵，就需要依次扫描该顶点对应的行，所需时间与 n 或者 m 成正比。这时，如果使用的是邻接表，就有优势了，只需要扫描与指定顶点关联的几条边就够了。

另外，在赋权图的邻接矩阵中，不用 1 来表示相邻，而是将边的权值放在矩阵的对应位置上（参见图 1.8）。

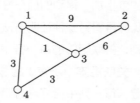

图 1.8 赋权图的邻接矩阵

1.3 其他图论术语

与顶点 v 关联的边的条数称为顶点 v 的 **度**（degree），记为 $d(v)$。例如，在图 1.6 的图 G_1 中，顶点 4 的度为 2。孤立顶点的度为 0。图 G 中所有顶点的度的最大值称为图 G 的度，记为 $\Delta(G)$[①]。例如，图 1.6 中图 G_1 的度为 3，即 $\Delta(G_1) = 3$。如果有多个图含有名为 v 的顶点，并且 v 的度在不同的图中各不相等，那就需要明确区分是在讨论哪个图中 v 的度。在这种情况下，为了明确是"图 G 中 v 的度"，我们将度写作 $d_G(v)$。

问题 1.2

证明：对于任意的图，所有顶点的度的总和一定是偶数。

解答 1.2

边 (u, v) 的贡献在于给顶点 u 的度 +1，给顶点 v 的度 +1。把

① 也称图 G 的最大度。
——译者注

所有顶点的度相加，得到的值正好就是边数的两倍，必为偶数。

下面我们再看另一种证明方法，不过本质上该方法与上面的论述没有区别。关联矩阵的每一行中 1 的个数，等于该行对应顶点的度。于是，关联矩阵中所有 1 的总数就等于全部顶点的度的总和。换个角度看，每一列中恰好含有两个 1，所以总和必然是偶数。

顺便提一下，这个结论称为**握手定理**。定理的名称来源于这样的图：把参加宴会的来宾看作顶点，如果两人在宴会中握过手，则连一条边。在这样的图中，所有人握手的次数总和为偶数。

通路（walk）是指图的顶点和边交错排列的序列，其中首尾为顶点，前后连续出现的顶点和边之间是关联的。例如图 1.6 中的图 G_1，$2b1c3e2e3d4$ 为一条通路（参见图 1.9）。从直观上讲，通路描述了移动的过程：从某顶点出发，沿着图的边从一点到另一点移动，最后到达某个顶点。这里，允许多次通过同一条边或者同一个顶点。通路的**长度**（length）定义为通路中所含的边的条数。如果多次经过某条边，则每经过一次就计入一次。比如，上述例子中 $2b1c3e2e3d4$ 的长度是 5。

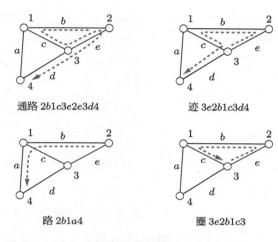

通路 2b1c3e2e3d4　　　　迹 3e2b1c3d4

路 2b1a4　　　　　　圈 3e2b1c3

图 1.9　图 G_1 中的通路、迹、路、圈

　　迹（trail）是边不重复出现的通路。不过，顶点允许重复出现。例如 3e2b1c3d4 是图 G_1 中的一条迹。**回路**（circuit）是首尾顶点相同的迹。**路**（path）是顶点不重复出现的迹，作为特例，允许首尾顶点相同 [①]。例如 2b1a4 是图 G_1 中的路。**圈**（cycle）是首尾顶点相同的路。例如 3e2b1c3 是图 G_1 中的圈。根据定义，迹是通路的特殊情况，路是迹的特殊情况，圈是路的特殊情况。此外，回路是迹的特殊情况，圈是回路的特殊情况。圈既是路又是回路。上述关系请见图 1.10。

① 本书中定义如此，但在一般语境下，"路"中所有顶点均不同（包括首尾顶点），如果首尾顶点相同，我们则直接称之为"圈"，而非"路"。

——译者注

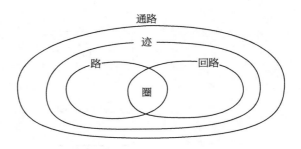

图 1.10 通路、迹、路、回路、圈之间的关系

在上述定义中，通路等都用顶点和边的序列来表示，为了让表达更加简洁，有时候我们也会把边省略。例如，通路 $2b1c3e2e3d4$ 可以简写成 213234。

有了路的定义，就可以对前文中提到的连通性进行严格定义了。在图 G 中，如果对于任意一组顶点 u、v，都存在以 u、v 为端点的路，我们就称 G 是**连通的**（connected）；反之，若图不满足以上条件，我们就称之为**非连通的**（disconnected）。

● **问题 1.3** ●────────────────────────────────●

证明：如果图 G 中所有顶点的度都大于等于 2，则 G 中存在圈。

● **解答 1.3**

任选一个顶点，记为 v_1，从该顶点出发，沿着图的边往前走。因为 v_1 的度大于等于 2，所以一定存在某个与 v_1 相邻的顶点，我们把这个顶点记为 v_2。已知 v_2 的度也大于等于 2，于是除 v_1 以外还存在另一个与 v_2 相邻的顶点，我们把这个顶点记为 v_3。按同样的规则一直往下走，就相当于一直在图上移动，并且不会经过已经走过的边。因为图中的顶点是有限的，所以会在某一时刻回到前面走过的某个顶点 v_i。以顶点 v_i 为起点，按照刚才的路径重新走一遍又会回到 v_i。于是，我们就得到了一个圈。

在边赋权图的情况下，通路的长度由"边的权值总和"取代"边的总数"来定义。把边的权值看作通过边需要花费的时间，则通路的长度就是沿着该通路移动需要花费的总时间。

顶点 u、v 之间的**距离**（distance），是指在以 u、v 为端点的路中最短的路的长度，记为 $d(u, v)$。例如，在图 1.6 的图 G_1 中，顶点 2 和顶点 4 之间的距离为 2。在非连通图中，如果不存在从 u 到 v 的路，则 u、v 之间的距离会被定义为无穷大（∞）。需要注意，长度和距离在定义上虽然类似，但是长度是针对通路定义的，而距离是针对顶点对定义的。

邻接矩阵的乘幂满足定理 1.1。注意，在定理 1.1 中，邻接矩阵的第 i 行第 i 列对应顶点 v_i。

定理 1.1

设图 G 的邻接矩阵为 $\boldsymbol{A}$，则 $\boldsymbol{A}^k$ 的 (i, j) 元素等于在图 G 中从顶点 v_i 到顶点 v_j 之间长度为 k 的不同通路的条数。

在开始证明之前，我们先用几个例子来验证一下。设图 1.6 中 G_1 的邻接矩阵为 $\boldsymbol{A_1}$，则有

$$\boldsymbol{A_1} = \begin{pmatrix} 0 & 1 & 1 & 1 \\ 1 & 0 & 1 & 0 \\ 1 & 1 & 0 & 1 \\ 1 & 0 & 1 & 0 \end{pmatrix}, \quad (\boldsymbol{A_1})^2 = \begin{pmatrix} 3 & 1 & 2 & 1 \\ 1 & 2 & 1 & 2 \\ 2 & 1 & 3 & 1 \\ 1 & 2 & 1 & 2 \end{pmatrix},$$

$$(\boldsymbol{A_1})^3 = \begin{pmatrix} 4 & 5 & 5 & 5 \\ 5 & 2 & 5 & 2 \\ 5 & 5 & 4 & 5 \\ 5 & 2 & 5 & 2 \end{pmatrix}$$

比如，$(\boldsymbol{A_1})^2$ 的 $(2,4)$ 元素等于 2，对应的是通路 $2b1a4$ 和 $2e3d4$。再比如，$(\boldsymbol{A_1})^2$ 的 $(1,1)$ 元素等于 3，对应的是通路 $1b2b1$、$1c3c1$ 和 $1a4a1$。

问题 1.4

　　$(\boldsymbol{A_1})^3$ 的 $(1,2)$ 元素等于 5。请列举其对应的 5 条通路。

解答 1.4

　　$1b2b1b2$、$1b2e3e2$、$1a4d3e2$、$1c3c1b2$、$1a4a1b2$。

证明 1.1

　　对 k 使用数学归纳法。当 $k = 1$ 时，根据邻接矩阵的定义可知命题成立。具体来说就是，如果 $\boldsymbol{A}$ 的 (i,j) 元素是 1，则顶点 v_i 和顶点 v_j 之间存在边，于是 v_i 到 v_j 的长度为 1 的通路有 1 条。如果 $\boldsymbol{A}$ 的 (i,j) 元素是 0，则意味着顶点 v_i 和顶点 v_j 之间不存在边，于是从 v_i 到 v_j 的长度为 1 的通路有 0 条。

接下来，假设在 $k = t$ 时命题成立，即 $\boldsymbol{A}^t$ 的 (i, j) 元素等于 v_i 到 v_j 的长度为 t 的不同通路的条数。下面我们来证明，在 $k = t + 1$ 时命题也成立。记 $\boldsymbol{A}$ 的 (i, j) 元素为 $a_{i,j}$，记 $\boldsymbol{A}^t$ 的 (i, j) 元素为 $x_{i,j}$。同样，记 $\boldsymbol{A}^{t+1}$ 的 (i, j) 元素为 $y_{i,j}$。根据矩阵乘法的定义 $\boldsymbol{A}^{t+1} = \boldsymbol{A}^t \times \boldsymbol{A}$ 对 $y_{i,j}$ 进行计算可得

$$y_{i,j} = \sum_{k=1}^{n} x_{i,k} a_{k,j}$$

其中 $a_{k,j}$ 的值非 0 即 1，所以在上述求和过程中，参与累加的只有满足 $a_{k,j} = 1$ 的那些 k 所对应的 $x_{i,k}$。如果 $a_{k,j} = 1$，"从 v_i 到 v_k 的长度为 t 的通路"通过边 (v_k, v_j) 可以延长为"从 v_i 到 v_j 长度为 $t + 1$ 的通路"。根据假设，"从 v_i 到 v_k 长度为 t 的通路数"等于 $x_{i,k}$。通过上述讨论可知，$x_{i,k} a_{k,j}$ 等于"在从 v_i 到 v_j 长度为 $t + 1$ 的通路中，经过 v_k 并且紧接着就走到了 v_j 的通路的条数"。若 $a_{k,j} = 0$，则满足以上条件的通路数为 0。这里是针对所有的 k 无遗漏无重复进行求和的，于是 $y_{i,j}$ 就等于"从 v_i 到 v_j 的长度为 $t + 1$ 的通路数"。证毕。

对于图 $G = (V, E)$ 和图 $G' = (V', E')$，如果 $V \subseteq V'$ 且 $E \subseteq E'$，则称 G' 为 G 的**子图**（subgraph）。也就是说，G' 可以通过从 G 中删除某些顶点和某些边得到（参见图 1.11）。需要注意的是，这里的 V' 和 E' 并非 G 和 E 的任意子集，它们必须能让 G' 也是图。也就是说，不允许出现只有边 (v_i, v_j) 在 E' 中，而顶点 v_i 不在 V' 中的情况。

在图 $G = (V, E)$ 中，针对 $V' \subseteq V$，我们将 $E' \subseteq E$ 定义为 $E' = \{(u, v) | (u, v) \in E, u \in V', v \in V'\}$。换句话说，$E'$

是两端点都在 V' 中的边的集合。这时，V' 在 G 中导出的 $G' = (V', E')$ 称为 G 的**导出子图**（induced subgraph），记为 $G' = G[V']$。

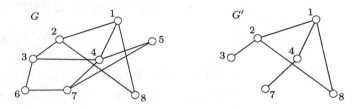

图 1.11　图 G 及其子图 G'

问题 1.5 ●━━━━━━━━━━━━━━━━━━━━━━━━━━━━●

图 1.11 中的 G' 并非 G 的导出子图。请给出理由。

解答 1.5

在 G 中有边 $(3, 4)$。G' 虽然包含 3、4 两个顶点，但没有包含边 $(3, 4)$。

对于图 $G = (V, E)$，定义 $\overline{E} = \{(u, v) | u \in V, v \in V, (u, v) \notin E\}$。此时，$\overline{G} = (V, \overline{E})$ 称为 G 的**补图**（complement graph）。也就是说，$\overline{G}$ 有和 G 相同的顶点集合，且 G 中有边的地方在 $\overline{G}$ 里无边，但 G 中无边的地方在 $\overline{G}$ 里却有边（参见图 1.12）。

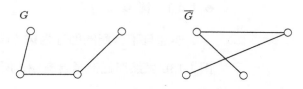

图 1.12 图 G 及其补图 $\overline{G}$

　　讲到这里，我们就可以对前面提到的图的同构给出定义了。对于两个图 $G_1 = (V_1, E_1)$ 和 $G_2 = (V_2, E_2)$，如果从 V_1 到 V_2 存在满足以下条件的一一映射 f，则称 G_1 和 G_2 **同构**（isomorphic）。满足以下条件的映射 f 称为**同构映射**（isomorphism）。

> **条件：** 对于任意的两个顶点 $u, v \in V_1$，都有 $(f(u), f(v)) \in E_2$，当且仅当 [①] $(u, v) \in E_1$。

　　这时，如果我们无视图中顶点的名称和边的名称，就可以说 G_1 和 G_2 具有完全相同的结构。如果 f 是同构映射，则很显然 G_1 的顶点 v 和 G_2 的顶点 $f(v)$ 有相等的度。

1.4　几类特殊的图

　　正如前面介绍的那样，只要是有顶点、有边的结构，我们都称之为图。在这些图中，有些特别的结构在用来表达现实世界中的对象时非常有用。本节就主要来介绍这些特殊的图。

① "当且仅当"是数学里用来表达充分必要条件的常用说法。这里说的是当 $(u, v) \in E_1$ 时，有 $(f(u), f(v)) \in E_2$，并且，当 $(u, v) \notin E_1$ 时，有 $(f(u), f(v)) \notin E_2$。

——译者注

● 1.4.1 树 ●

连通且不含圈的图称为**树**（tree）。图 1.13a 就是树的示例。图 1.13b 虽然连通但是含有圈，所以不是树。图 1.13c 虽然不含圈但是它不连通，所以也不是树。此外，只要是不含圈的图，无论连通与否，都可以称为**森林**（forest）。我们可以认为树聚集在一起就是森林。当然，根据定义，树也是一种特殊的森林。如图 1.13a 所示，在树中，度为 1 的顶点称为**叶**（leaf）。图通常用 G 来表示，树则多用 tree 的首字母 T 来表示。

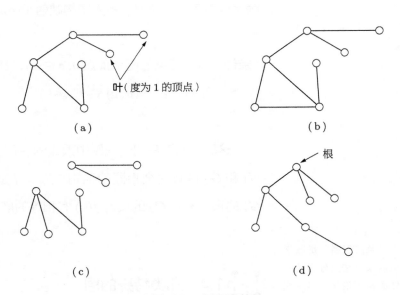

图 1.13　树与森林

问题 1.6

证明：顶点个数大于等于 2 的树必然含有至少一个叶。

解答 1.6

如果没有叶，所有顶点的度要么是 0，要么至少是 2。因为顶点个数大于等于 2，所以如果有度为 0 的顶点，则意味着图不连通，也就不是树了。如果所有顶点的度都大于等于 2，根据问题 1.3 的结论可知图中必然存在圈，所以这个图也不是树。综上所述，不存在叶的图不是树。取其逆否命题，就得到了我们要的结论。

问题 1.7

求 n 个顶点的树的边数。

解答 1.7

答案是 $n-1$。下面使用数学归纳法证明。当 $n=1$ 时，我们只需要考虑由一个顶点组成的树，该树的边数为 $n-1=0$，答案正确。接下来，我们假设 $n=k$ 的树的边数为 $k-1$，并依此来推导出 $n=k+1$ 的树的边数为 k。设 T 为有 $k+1$ 个顶点的树。因为 T 的顶点数不小于 2，根据问题 1.6 可知，T 中必然有叶。删掉这个叶以及和叶相关联的那条边，就能得到一个新的图，我们把这个图记为 T'。T' 是有 k 个顶点的树，根据归纳假设，其边数为 $k-1$。T' 是从 T 中删除一条边得到的，所以 T 的边数等于 k。

我们可以对树指定一个特别的顶点，这个顶点称为**根**（root），具体请见图 1.13d。指定了根的树称为**有根树**（rooted tree）。

● 1.4.2　可平面图 ●

在平面上画图时，如果能够使边之间没有交叉，这样的图就称为**可平面图**（planar graph）。例如，图 1.6 中的 G_1 就是可平面图。另外，图 1.1 中的图看起来好像有边交叉，但其实该图可以在不让边交叉的情况下画出来，所以它也是可平面图。如果一个可平面图能以无边交叉的方式画在平面上，这个图就称为**平面图**①。换句话说，平面图这个词中蕴含了图的画法。

● **问题 1.8** ●────────────────────────────

判断图 1.14 中的各图是否为可平面图。

 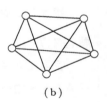

（a）　　　　　　　（b）　　　　　　　（c）

图 1.14　判断是否为可平面图

● **解答 1.8**

(a) 是可平面图；(b) 是非可平面图；(c) 是非可平面图。

① 英文为 plane graph。平面图的严格定义是平面 $\mathbb{R}^2$ 的一个子集，所以包含了画法的信息。

　　　　　——译者注

对于平面图，下面的**欧拉公式**成立。

定理 1.2 **欧拉公式**

对于连通的平面图，若其顶点数为 n、边数为 m、面数为 h，则 $n + h = m + 2$ 成立。

"面"是指在平面上画图时由各边围成的连续区域。请注意，图的"外侧"也是一个面。图 1.15 是具体示例。

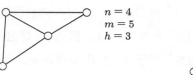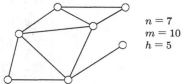

图 1.15　欧拉公式的例子

证明 1.2

对于图的"顶点数 + 边数"，我们使用数学归纳法证明。因为顶点数 + 边数等于 1 的图只含有一个孤立顶点，我们有 $n = 1$, $m = 0$, $h = 1$，所以命题成立。假设对顶点数 + 边数 $\leqslant k$ 的图，命题都成立，我们接下来证明命题对顶点数 + 边数 $= k + 1$ 的图同样成立。令 G 为顶点数 + 边数 $= k + 1$ 的任意图，并将其顶点数、边数、面数分别记为 $n(G)$、$m(G)$、$h(G)$。现在需要证明 $n(G) + h(G) = m(G) + 2$。我们分两种情况进行讨论。

● 第一种情况：G 中含有度为 1 的顶点

从 G 中选取一个度为 1 的顶点，将该顶点与和它关联的边都删掉。我们将新的图记为 G'。于是，有 $n(G') = n(G) - 1$，$m(G') = m(G) - 1$。又因为面数没变，所以 $h(G') = h(G)$。由于 G' 是连通的，并且 G' 的"顶点数＋边数"等于 $k - 1$，根据归纳假设，有 $n(G') + h(G') = m(G') + 2$。综上所述，可以推出 $n(G) + h(G) = m(G) + 2$。

● 第二种情况：G 中不含度为 1 的顶点

从 G 中选取一条边删除，同时保证删除后得到的图也是连通的。我们将新图记为 G'。于是有 $n(G') = n(G)$，$m(G') = m(G) - 1$。删除边后，该边两侧的面连了起来，变成了一个面，于是 $h(G') = h(G) - 1$。因为 G' 是连通的，并且 G' 的"顶点数＋边数"等于 k，根据归纳假设，有 $n(G') + h(G') = m(G') + 2$。综上所述，可以推出 $n(G) + h(G) = m(G) + 2$。

问题 1.9

在定理 1.2 的证明中，若只考虑第一种情况，则有可能会顾及不到 G 中不含度为 1 的顶点的情况。那只考虑第二种情况，会出现什么问题呢？

解答 1.9

从 G 中删除一条边后，可能无法保证删除后得到的图依然是连通的。例如，在 G 是树的情况下，无论删除哪条边，得到的图都会变成非连通的。第一种情况排除了 G 中含有度为 1 的顶点的可能，于是所有顶点的度都至少是 2。根据问题 1.3 的结论可知，图中必然含有圈。就算从这个圈上删掉一条边，图依然是连通的。

● 1.4.3　二部图、完全二部图、k 部图 ●

若图 $G = (V, E)$ 的顶点集合 V 可以划分成满足以下条件的 V_1 和 V_2（这里 $V_1 \cup V_2 = V$ 且 $V_1 \cap V_2 = \varnothing$），则 G 为**二部图**（bipartite graph）。

> **条件：** 在 E 中，不存在两个端点同在 V_1 中或同在 V_2 中的边。

换言之，E 中任何一条边都是由 V_1 中的一点和 V_2 中的一点连结而成的。当需要明确表示图 $G = (V, E)$ 是把 V 划分成 V_1 和 V_2 的二部图时，我们也会用 $G = (V_1, V_2, E)$ 表示该图。

● 问题 1.10 ●

证明树是二部图。

解答 1.10

思考以下步骤：

❶ 取树的任意顶点 v 放入 V_1 中；

❷ 把与 v 相邻的所有顶点放入 V_2 中；

❸ 针对还没分到 V_1 或 V_2 中的顶点，把与 V_2 中的顶点相邻的所有顶点放入 V_1 中；

❹ 针对还没分到 V_1 或 V_2 中的顶点，把与 V_1 中的顶点相邻的所有顶点放入 V_2 中。

此后，反复执行步骤 ❸ 和步骤 ❹，直到所有顶点都归入 V_1 或 V_2。

由于树本身不含圈，所以边一定不会出现在 V_1 内部或 V_2 内部（详情请见第 5 章中关于 "2-顶点着色问题" 的讨论）。

在二部图 $G = (V_1, V_2, E)$ 中，若 V_1 和 V_2 之间所有的顶点对都有边相连，则称 G 为**完全二部图**（complete bipartite graph）。当 $|V_1| = n_1$ 且 $|V_2| = n_2$ 时，完全二部图 G 记为 K_{n_1, n_2}。

问题 1.11

求完全二部图 K_{n_1, n_2} 的边数。

解答 1.11

$n_1 n_2$

若图 $G = (V, E)$ 的顶点集合 V 可以划分成满足以下条件的 $V_1, V_2, \cdots, V_k$，则称 G 为 **k 部图**（k-partite graph）。

条件： 对于每个 $i(1 \leqslant i \leqslant k)$，在 E 中都不存在两个端点同在 V_i 中的边。

顶点数为 n 的图显然都是 n 部图。根据定义可知，k 部图也是 $(k + 1)$ 部图。

● 1.4.4 正则图 ●

所有顶点的度都相等的图称为**正则图**（regular graph）。所有顶点的度都等于 k 的图称为 k-**正则图**（k-regular graph）。

问题 1.12

求 n 个顶点的 k-正则图的边数。

解答 1.12

所有顶点的度的总和等于 nk。根据我们在问题 1.2 中提到过的握手定理可知，这个总和是边数的两倍，所以边数等于 $\frac{nk}{2}$。

● 1.4.5 完全图 ●

所有顶点之间都有边相连的图称为**完全图**（complete graph 或 clique [①]）。n 个顶点的完全图记为 K_n，K_n 是 $(n-1)$-正则图。

问题 1.13

求完全图 K_n 的边数。

解答 1.13

完全图的任意两顶点之间都有边，所以边数等于从 n 个顶点中取 2 个顶点的组合数 $C_n^2 = \frac{n(n-1)}{2}$。另外，由于 K_n 是 $(n-1)$-正则图，所以在问题 1.12 中令 $k = n - 1$ 也可以得到同样的答案。

① clique 也译为"团"。
——译者注

1.5 图的度序列

图 G 的**度序列**是指对 G 中各顶点的度降序[①] 排列所得到的序列。例如，在图 1.16 的 (a) 和 (b) 中，图的度序列分别为 $(3, 3, 3, 3, 2, 1, 1, 0)$ 和 $(4, 4, 4, 3, 2, 2, 1)$。

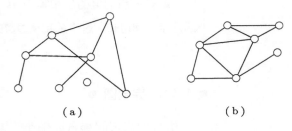

（a）　　　　　　　　　　（b）

图 1.16　图的度序列

如果一个非负整数的降序列可以作为图的度序列，则称这个序列是**可图化**的，也称这个序列为**可图化序列**[②]。例如，$(3, 3, 3, 3, 2, 1, 1, 0)$ 是图 1.16a 中图的度序列，所以可图化。

① 严格来讲是非升序。后文出现的"降序"也都按"非升序"解释。

——译者注

② 如果只考虑简单图的度序列，也可以把这种序列称为"图序列"。

——译者注

● **问题 1.14** ●

判定以下各序列是否可图化。

1. $(4, 3, 3, 3, 2, 2, 1, 1)$

2. $(6, 4, 4, 3, 3, 2, 2)$

3. $(6, 4, 4, 1, 1, 1, 1)$

解答 1.14

1. 度的总和为奇数，与问题 1.2 的握手定理矛盾，所以不可图化。

2. 可图化（参见图 1.17）。

3. 不可图化。图中一共有 7 个顶点，度为 6 的顶点 (v) 必然和除自己以外的所有顶点相邻，所以度为 1 的四个顶点不可能与除 v 以外的顶点相邻。这样的话，对于剩下的两个顶点，怎么凑也不可能让度等于 4。注意，我们这里只考虑简单图，所以图中不允许出现平行边和自环边。

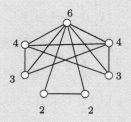

图 1.17 具有度序列 $(6, 4, 4, 3, 3, 2, 2)$ 的图

判断一个序列是否为可图化序列，有以下定理 [①]。

定理 1.3

使非负整数的降序列 $(a_1, a_2, \cdots, a_n)$ 可图化的充分必要条件是，将 $(a_2 - 1, a_3 - 1, \cdots, a_{a_1+1} - 1, a_{a_1+2}, a_{a_1+3}, \cdots, a_n)$ 降序重排之后得到的序列可图化。

① Havel-Hakimi 定理，也称 Havel-Hakimi 算法。

——译者注

在开始证明之前，我们先通过几个例子理解一下定理。对序列 $(4, 4, 3, 3, 3, 3, 2, 2, 1, 1)$ 执行定理中所述的操作。具体来说，就是先去掉开头的 4，并对第二个到第五个数字各减 1，得到 $(3, 2, 2, 2, 3, 2, 2, 1, 1)$；再将得到的序列降序重排，得到 $(3, 3, 2, 2, 2, 2, 2, 1, 1)$。根据定理，想要知道 $(4, 4, 3, 3, 3, 3, 2, 2, 1, 1)$ 是否可图化，只要考察比原序列少一位的 $(3, 3, 2, 2, 2, 2, 2, 1, 1)$ 是否可图化即可。

我们把定理用到问题 1.14(2) 上，可以得到 $(6, 4, 4, 3, 3, 2, 2) \to (3, 3, 2, 2, 1, 1) \to (2, 1, 1, 1, 1) \to (1, 1, 0, 0)$，很容易看出 $(1, 1, 0, 0)$ 可图化，于是可以推出 $(6, 4, 4, 3, 3, 2, 2)$ 是可图化的。同理，对于问题 1.14(3) 的 $(6, 4, 4, 1, 1, 1, 1)$，有 $(6, 4, 4, 1, 1, 1, 1) \to (3, 3, 0, 0, 0, 0)$，最后的 $(3, 3, 0, 0, 0, 0)$ 明显非可图化，所以 $(6, 4, 4, 1, 1, 1, 1)$ 也非可图化。

证明 1.3

如果 $(a_2 - 1, a_3 - 1, \cdots, a_{a_1+1}-1, a_{a_1+2}, a_{a_1+3}, \cdots, a_n)$ 降序重排之后得到的序列可图化，则 $(a_1, a_2, \cdots, a_n)$ 可图化，这个结论很容易理解（后面会省略"降序重排之后得到的序列"这一表述方式）。在度序列是 $(a_2 - 1, a_3 - 1, \cdots, a_{a_1+1}-1, a_{a_1+2}, a_{a_1+3}, \cdots, a_n)$ 的图上添加一个度为 a_1 的顶点 v，在 v 与度为 $a_2 - 1, a_3 - 1, \cdots, a_{a_1+1} - 1$ 的各顶点之间建立边即可。例如，在上面的例子中，在度序列为 $(3, 3, 2, 2, 2, 2, 2, 1, 1)$ 的图的基础上添加一个度为 4 的新顶点，并让它与度为 $3, 3, 2, 2$ 的四个顶点分别连边，则得到的新图的度序列为 $(4, 4, 3, 3, 3, 3, 2, 2, 1, 1)$，这个序列是可图化的（参见图 1.18）。

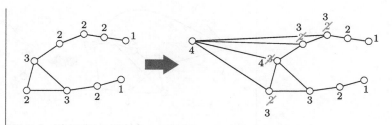

图 1.18 通过添加顶点得到的度序列

另外，我们需要证明如果 $(a_1, a_2, \cdots, a_n)$ 可图化，则 $(a_2 - 1, a_3 - 1, \cdots, a_{a_1+1}-1, a_{a_1+2}, a_{a_1+3}, \cdots, a_n)$ 也可图化。可能有读者会说，把上面的操作反过来执行一遍就行了。其实并没有这么简单。举例说明比较好理解，所以我们再回过头来看看上面的例子。现在我们知道 $(4, 4, 3, 3, 3, 3, 2, 2, 1, 1)$ 可图化，想要证明 $(3, 3, 2, 2, 2, 2, 2, 1, 1)$ 也可图化。在度序列为 $(4, 4, 3, 3, 3, 3, 2, 2, 1, 1)$ 的图中有两个度为 4 的顶点。只要其中某一个顶点恰好和度为 $4, 3, 3, 3$ 的各顶点相邻，删除这个顶点后我们就可以得到度序列为 $(3, 3, 2, 2, 2, 2, 2, 1, 1)$ 的图了（参见图 1.19）。

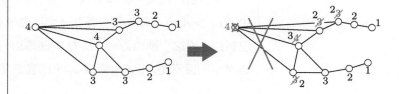

图 1.19 通过删除顶点得到的度序列

但是，度为 4 的两个顶点，可能哪个都不满足以上条件（参见图 1.20）。我们想证明的是 $(3, 3, 2, 2, 2, 2, 2, 1, 1)$ 可图化，但这时，我们只能下结论说 $(3, 3, 3, 3, 2, 2, 2, 0, 0)$ 可图化。现在我们着重来看上面两个序列的不同点（参见图 1.21）。

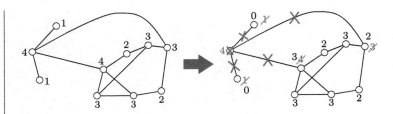

图 1.20　单纯通过删除顶点无法得到所需的度序列

$$(3, 3, \boxed{2, 2}, 2, 2, 2, \boxed{1, 1})$$
$$\updownarrow \qquad 这里不同 \qquad \updownarrow$$
$$(3, 3, \boxed{3, 3}, 2, 2, 2, \boxed{0, 0})$$

图 1.21　两个度序列的比较

只要把下面一行的两个 3 都变成 2，再把两个 0 都变成 1，就可以得到 $(3, 3, 2, 2, 2, 2, 2, 1, 1)$ 了。也就是说，在我们现在得到的度序列为 $(3, 3, 3, 3, 2, 2, 2, 0, 0)$ 的图（设为 G ）的基础上，如果可以把度为 3 的两个顶点的度都变成 2，把度为 0 的两个顶点的度都变成 1，得到一个新图，就能证明出来了。

我们把目光集中在 G 中度为 3 的顶点 u 和度为 0 的顶点 v 上。由 $d(u) > d(v)$ 可知，至少存在一个顶点与 u 之间有边，与 v 之间没有边。设这个顶点为 w。从 G 中删除边 (w, u) 并添加边 (w, v)，结果 w 的度不变，u 的度变成 2，v 的度变成 1（参见图 1.22）。

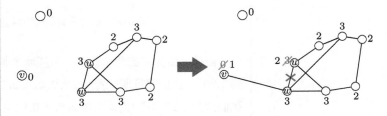

图 1.22　通过添加、删除边得到新的度序列

只需要在必要时执行上述变形操作，我们就能够得到符合度序列要求的图了（上面举的例子还需要变形一次）。

───◦ **章末习题** ◦───

1. 证明：在顶点数大于等于 2 的任意图中，都存在不同的顶点 u 和 v 使其满足条件 $d(u) = d(v)$。

2. 对于图 1.4 所示的两个图，求它们之间同构映射的个数。

3. 令 $G_1 = (V_1, E_1)$，$G_2 = (V_2, E_2)$。$|V_1| = |V_2|$ 且 $|E_1| = |E_2|$ 是 G_1 与 G_2 同构的必要条件。请问，这个条件能作为充分条件吗？

4. 令 $G_1 = (V_1, E_1)$，$G_2 = (V_2, E_2)$。$|V_1| = |V_2|$，且 $|E_1| = |E_2|$，以及 G_1 和 G_2 具有相同的度序列是 G_1 与 G_2 同构的必要条件。请问，这个条件能作为充分条件吗？

5. 请问，满足下列条件的图是否存在？如果存在，请给出实例；如果不存在，请给出理由。

(1) 由 7 个顶点构成的 3- 正则图。

(2) 令 A 表示图的邻接矩阵，使得 A^3 的对角线元素中恰好只有两个非 0 元素的图。

6. 假设 $G = (U, V, E)$ 为满足 $|U| = |V| = n$ 的完全二部图。求 G 的补图 $\overline{G}$ 的边数。

7. 证明：任意的 6 个人中，一定有 3 个人彼此认识，或者彼此都不认识。

第2章

最小生成树

本章要讨论的是最小生成树问题,即如何在"开销"尽量小的前提下生成连通整个图的树。

首先,2.1 节会介绍基本定义。在接下来的 2.2 节和 2.3 节中,我们会学习两个高效求解最小生成树问题的算法——克鲁斯卡尔算法和普里姆算法。最后,2.4 节会介绍和最小生成树有关的斯坦纳树问题。

2.1 什么是最小生成树

思考下面的问题。有 A、B、C、D、E、F 六座城镇。为了让所有城镇都通上互联网,要在它们之间铺设光缆。不过,我们不想绕远施工,只要每座城镇都能通网即可。铺设光缆的费用比较高,加上地理位置的限制,有些地方是没办法施工的。表 2.1 展示了具体情况。比如,A 行 C 列处是"3",表示在 A 和 C 之间铺设光缆需要用到 3 个单位(比如 3000 万日元)的费用。再比如,C 行 E 列处是"×",表示在 C 和 E 之间(由于地形等原因)无法铺设光缆。我们要做的是用尽量少的钱达到上述目的。

表 2.1 各城镇之间的光缆铺设费用

	A	B	C	D	E	F
A	—	×	3	10	9	9
B		—	4	2	9	×
C			—	3	×	×
D				—	8	9
E					—	6
F						—

　　用图论的语言可以将上述问题表述如下：将各城镇 A、B、C、D、E、F 作为顶点，如果两城之间能够铺设光缆，就在对应的两顶点之间连一条边。边上的权值代表铺设光缆的费用。这样，我们就得到了图 2.1。

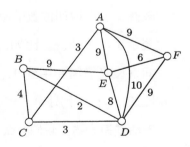

图 2.1 表示各城镇之间光缆铺设费用的赋权图

　　下面我们要思考如何从图上选出一些边，使整个图具有连通性，同时让选中的边的权值总和（以下称为解的"开销"）最小。这类问题称为**最小生成树问题**（minimum spanning tree problem）。问题的解必为树。之所以这么说，是因为由条件可知，作为解的新图必须保持连通性。当图中含有圈时，从圈中删除某条边并不会破坏图的连通性，但可以使开销减小（这里假设不存在权值为 0 的边）。我们将包含所有顶点的树称为**生成树**（spanning tree）。问题的目标是求出开销最小的生成树（即**最小生成树**），所以我们把这种问题称为最小生成树问题。

● **问题 2.1** ●────────────────────────────────────●

求出图 2.1 的最小生成树。

● **解答 2.1**

参见下页的图 2.2。

2.2 克鲁斯卡尔算法

克鲁斯卡尔（Kruskal）算法是求解最小生成树问题的一个著名算法。该算法的基本思路是按权值从小到大的顺序，以"如果把某条边添加到解（新图）中不会产生圈，则向解中添加该边"为规则，依次对各边进行操作，直到新图变成连通图。对于权值相同的边，操作顺序任意。

以图 2.1 为例，按照顺序依次考察 (B, D)、(A, C)、(C, D)，会发现这些边都可以添加到新图中。按照权值的顺序，接下来是

(B, C)。如果将 (B, C) 添加到新图中，就会产生 $BCDB$ 这样一个圈，所以 (B, C) 无法添加到新图中。以同样方式继续操作，在已经添加的三条边的基础上，继续添加 (D, E) 和 (E, F) 两条边之后，算法执行结束（参见图 2.2）。

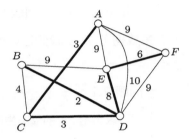

图 2.2　图 2.1 的最小生成树

下面我们来证明克鲁斯卡尔算法给出的解是正确的。

定理 2.1

克鲁斯卡尔算法的输出即为最小生成树。

证明 2.1

　　我们边看例子边证明。对于图 G，将克鲁斯卡尔算法的输出记为 T。先假设 T 不是正确答案，然后我们来推出矛盾。根据假设，一定存在一个比 T 的开销还要小的最小生成树 T'（参见图 2.3）。后文会详述当存在多个同样开销的最小生成树时，T' 的选取方法。

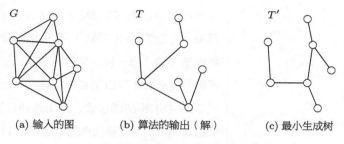

(a) 输入的图   (b) 算法的输出（解）   (c) 最小生成树

图 2.3   假设 T 不是正确答案

因为 T 是通过克鲁斯卡尔算法得到的生成树，所以可以按照算法选取的顺序对 T 的边进行编号（参见图 2.4a）。这时我们可以关注在 T' 里未出现的边中，算法所选出的第一条边（本例中是编号为③的边）。当最小生成树 T' 有多个候选时，我们采用"算法所选出的第一条与 T' 不同的边"出现最晚（编号最大）的那一个。拿上述示例来说就是不存在含有 T 中①、②、③三条边的最小生成树（反之，如果存在的话，根据上面的规则，这个树就变成 T' 了）。

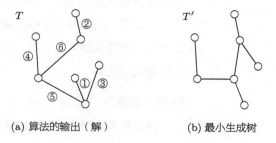

(a) 算法的输出（解）   (b) 最小生成树

图 2.4   给 T 中的边编号

接下来思考③号边在被算法选中前的那一瞬间（参见图 2.5a）。现在，算法已经将①号边和②号边选中了，所以整个图

被分成了 A、B、C、D、E 这 5 个连通分支。接着要把 D 和 E 连起来。因为 T' 中也用到了 ① 号边和 ② 号边，所以 B 和 D 的内部结构与 T 的一模一样。又已知 T' 也是生成树，所以 D 和 E 这两个连通分支必然也是以某种方式连在一起的。在本例中，二者是通过图 2.5b 中加粗的两条边，经由连通分支 B 连接在一起的。记这两条边为 e_1、e_2，记算法选的第三条边（③ 号边）为 e_3。

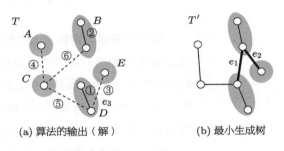

(a) 算法的输出（解）   (b) 最小生成树

图 2.5   两图中同时存在 ① 号边和 ② 号边

e_1 和 e_2 并非已被算法选中的边（图中是 ①、②），因为 ①、② 都在连通分支的内部，而 e_1、e_2 则是连接不同连通分支的边。

下文中，我们将边 e 的权值记为 $w(e)$。我们来选择 e_1、e_2 中的一个（这里选择 e_1），对以下三种情况分类讨论，通过导出矛盾之处来完成证明。

◉ **第一种情况**：$w(e_3) > w(e_1)$

算法是按权值从小到大的顺序添加边的，当进行到 e_3 的时候，早已完成了对 e_1 的判断。但 e_1 在当前的图中是连接两个连通分支（B 和 D）的边，就算添加到图中也不会产生圈。也就是说，尽管往新图中添加 e_1 不会导致圈出现，但 e_1 还是被算法无视了。这与算法的规则相矛盾。

● **第二种情况**：$w(e_3) < w(e_1)$

从 T' 中去掉 e_1，加入 e_3，会得到一个比 T' 开销更小的生成树 T''。这与 T' 是最小生成树的假设矛盾。

● **第三种情况**：$w(e_3) = w(e_1)$

与第二种情况一样，可以构造出 T''。这时，T' 和 T'' 的开销相同，所以 T'' 也是最小生成树。但是，T'' 包含了 T 中的 ①、②、③ 三条边，这与 T' 的选法矛盾（请注意，如前文所述，①、② 都与 e_1 不同，因此 ①、② 必然都得留在 T'' 中）。

当 T' 有多个备选时，我们需要在选取方式上费一番功夫。这样做是为了在第三种情况下顺利推出矛盾。如果不这样做，而是令 T' 为"任意的最小生成树"，其实也可以证明出来，只是稍微麻烦些。请大家思考这种情况该如何证明。

像克鲁斯卡尔算法这样，每一步只考虑当下最优策略的算法一般称为**贪心算法**或者**贪婪算法**（greedy algorithm）。贪心算法可以顺利解决最小生成树问题，但并不意味着对于所有问题都是好用的。选用最合适的算法能帮助我们避免很多麻烦。

2.3 普里姆算法

除了克鲁斯卡尔算法，还有一个著名的算法可以求解最小生成树问题，这个算法叫作普里姆（Prim）算法。普里姆算法的基本思路是，从只由一个顶点构成的连通分支开始，逐个对顶点进行判断，从而扩张连通分支的规模，直到所有顶点都被连通起来。笔者还是以图 2.1 为例讲解普里姆算法（参见图 2.6）。

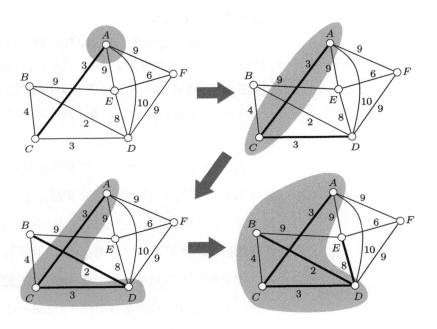

图 2.6　普里姆算法的流程

首先选取一个顶点（本例中是 A），在从 A 伸向外部的边 (A, C)、(A, E)、(A, F) 中选取权值最小的边 (A, C)，然后将其另一个端点 C 吸收到连通分支中。接着，在连通分支内的顶点 A、C 和外部顶点连结的边中，选取权值最小者 (C, D)，并将与其关联的顶点 D 加入连通分支中。在当前连通分支内部顶点与外部顶点相邻构成的边中，选取权值最小者，并将其关联的外部顶点加入连通分支。一直重复这个过程,直到囊括全部顶点为止。可以发现,普里姆算法虽和克鲁斯卡尔算法有所不同,但它也是一种贪心算法。

2.4 最小斯坦纳树问题

本节,笔者会介绍一个和最小生成树问题有点类似的问题,即**最小斯坦纳树问题**(minimum Steiner tree problem)[①]。和最小生成树问题一样,首先给定图 $G = (V, E)$,不同的是,这里还要给定一个 V 的子集 U。我们称 U 中的顶点为**终端节点**(terminal)。求在包含所有终端节点的 G 的子树中开销最小的树(开销的定义和最小生成树问题中的一样,即用到的边的权值总和)。

和最小生成树问题的不同点在于,在最小生成树问题中,所有顶点都必须连通起来,而在最小斯坦纳树问题中,我们只要将所有终端节点连通起来即可。换句话说,只要终端节点连通起来,其他顶点有没有都行。用本章开头中铺设光缆的例子来说就是,需要接入互联网的城镇已经作为终端节点指定好了,其他城镇可以作为中继节点使用,但这些城镇并不需要铺设光缆。我们要解决的问题,是在这样的条件下,如何以最小的开销铺设光缆。

[①] 又称**斯坦纳树问题**(Steiner tree problem)。这里介绍的是图上的斯坦纳树问题,与欧氏空间的斯坦纳树问题(最原始的斯坦纳树问题)有所不同。

——译者注

● 问题 2.2 ●━━━━━━━━━━━━━━━━━━━━━━━━━━━━━━━━●

给定终端节点 A、B、C、F，在图 2.7 的情况下求最小斯坦纳树。

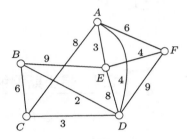

图 2.7　求最小斯坦纳树

● 解答 2.2

如图 2.8 中加粗的边所示。

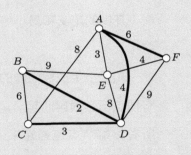

图 2.8　最小斯坦纳树

在最小斯坦纳树问题中，如果所有顶点都是终端节点，这个问题就是最小生成树问题。所以说最小斯坦纳树问题是最小生成树问题的扩展。对于最小生成树问题，已知有克鲁斯卡尔算法、普里姆算法等高效的算法，但最小斯坦纳树问题已经被证明是 **NP 难问题**，很可能不存在高效算法。

◦ **章末习题** ◦

1. 证明普里姆算法能够正确求出最小生成树。

2. 对图 2.9 中的 (a) 和 (b)，分别用克鲁斯卡尔算法、普里姆算法求出最小生成树。

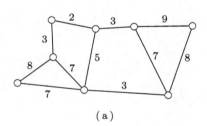 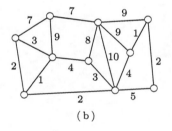

(a)　　　　　　　　　　　(b)

图 2.9　求最小生成树

3. 求出图 2.10 的最小斯坦纳树。其中，● 表示终端节点。

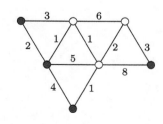

图 2.10　求最小斯坦纳树

第3章 最短路径问题

从某地出发去往目的地，怎么走路线最短？在图论中，这就是最短路径问题。笔者在 3.1 节会给出问题的定义，然后在 3.2 节介绍求解最短路径问题的一个高效算法——迪杰斯特拉算法。

3.1 什么是最短路径问题

在图 3.1 中，各顶点代表某快递公司的中转站，顶点 u 和顶点 v 连成的边 $e = (u,v)$ 的权值 $w(e)$ 表示从中转站 u 到中转站 v 运送快件所要花费的与 $w(e)$ 成正比的时间（比如从 v_1 运到 v_4 要花费 8 小时）。如果两顶点之间没有边相连，则表示两站之间无法点对点直接运输。现在想要把 s 处的某快件运送到 t 处，怎么走才最快呢？

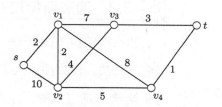

图 3.1 最短路径问题

在图论中，上述问题叫作**最短路径问题**（shortest path problem）。具体来说，就是以边权值非负的无向图 $G = (V, E)$ 以及顶点 s 和顶点 t 作为输入，要在 G 中求出以 s 和 t 为端点的路径，使得所有边的权值总和最小，也就是最短路径。这里的权值总和可以看作路径的"长度"（参见 1.3 节）。

问题 3.1

求出图 3.1 中的图的最短路径。

解答 3.1

路径 $s \to v_1 \to v_2 \to v_4 \to t$ 为 s 到 t 的长度为 10 的路径。我们很容易验证这条路径是最短的。

对于这类问题，可以穷举 s 到 t 的所有路径，依次求出它们的长度，然后输出最短的路径。使用这种算法虽然可以得到正确答案，但是，路径的条数可能是顶点数的指数级别，计算时间会呈现爆炸式增长。我们需要更高效的算法。

3.2　迪杰斯特拉算法

迪杰斯特拉（Dijkstra）算法 [1] 是求解最短路径问题的一个著名的算法。该算法引入了一个用来存储顶点的集合 L。集合 L 的初始状态是空集 $\varnothing$，在计算过程中，集合 L 会不断增大。同时，该算法会对各顶点 v 定义一个非负值 $\delta(v)$，用来记录从 s 到

① 也常译为狄克斯特拉算法。

——译者注

v 的**目前暂定的**最短路径的长度。准确来说，$\delta(v)$ 表示的是"只使用已经加入 L 的顶点求得的到 v 处的最短路径长度"。初始状态下 $\delta(s) = 0$，而 s 之外的顶点 v，$\delta(v) = \infty$。换句话说，从 s 到 s 通过长为 0 的路径可达，但是由于现阶段还没进行任何搜索，所以从 s 到其他顶点要走多长的路，甚至能不能走到，我们都一无所知，只好先对这些顶点赋予一个无穷大的值。之后，随着搜索的深入，假如知道了从 s 到达 v 有条长度为 15 的路径，则算法会将 $\delta(v)$ 的值更新为 15。这也只是一个暂定的值，如果将来发现更短的路径，比如发现了长度为 12 的路径，则算法会将 $\delta(v)$ 的值更新为 12。按照这样的方式，随着算法的推进，被探索过的范围会逐步扩大，$\delta(v)$ 的值会随之减小。另外，在算法执行的过程中，需要为各顶点定义一个指向其他顶点的指针。这个指针指向的是从 s 到自己的最短路径（暂定的）上的前一个顶点。

下面笔者以图 3.1 为例，说明一下算法的整个流程。

步骤❶ 依照上文，令 $L = \varnothing$，$\delta(s) = 0$，$\delta(v) = \infty(v \neq s)$，进行初始化。参见图 3.2。

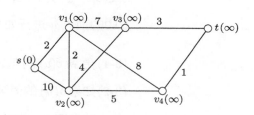

图 3.2 迪杰斯特拉算法步骤❶

步骤❷　将顶点 s 放入 L 中。接着，对与 s 相邻的各顶点 v 进行以下操作。

(2-1) 令 $\delta(v) = w(s,v)$

(2-2) 从 v 上引出指针指向 s（参见图 3.3）

图中灰色部分表示集合 L。另外，边 (s,v) 的权值，正确的写法应该是 $w((s,v))$，而不是 $w(s,v)$。这里为了使表述更加清晰，使用的是 $w(s,v)$。

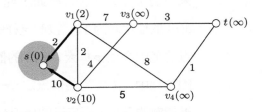

图 3.3　迪杰斯特拉算法步骤❷

步骤❸　从还未放入 L 的顶点中选取 δ 值最小的顶点，记为 v，并将 v 放入 L 中。如果有多个顶点可作为 v 的候选，则任选其一。接下来，在与 v 相邻的顶点中，对尚未放入 L 中的顶点 u 进行如下操作。

(3-1) 更新 $\delta(u)$ 的值，使 $\delta(u) = \min\{\delta(u), \delta(v) + w(s,v)\}$

(3-2) 如果 $\delta(u)$ 的值被更改了（即 $\delta(v) + w(v,u) < \delta(u)$ 的情况），则将 u 的指针改为指向 v

这里的 $\min\{a, b\}$ 是指 a 和 b 中较小的一方

笔者用具体例子来说明如何执行步骤❸。在图 3.3 的状态下，δ 值最小的顶点为 v_1，于是算法选择 v_1 作为当前的 v，将其放入 L 中（参见图 3.4）。与 v_1 相邻且尚未放入 L 的顶点有 v_2、v_3、v_4，对它们分别施行 (3-1) 和 (3-2) 中的操作。我们来看看 v_2 的情况。根据 $\delta(v_2) = 10$ 和 $\delta(v_1) + w(v_1, v_2) = 2 + 2 = 4$ 可知，后者较小，所以更新 $\delta(v_2)$ 为 4。同时，把 v_2 上本来指向 s 的指针改为指向 v_1。

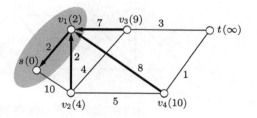

图 3.4　迪杰斯特拉算法步骤❸

上面这一系列操作可以解释为如下内容。经由已经加入 L 中的顶点（即已搜索完毕的顶点）到达 v_2 的最短路径其长度为 10。并且，该路径为从 v_2 到 s 的各指针串起来的路径，本例中是 $s \to v_2$ 这条路径。v_1 加入 L 中之后，算法考察经由 v_1 的路径，这时发现了 $s \to v_1 \to v_2$ 这条新路径，该路径比已知的还要短。这样，（暂定的）最短路径长度就可以更新为 4，指针就可以指向

最短路径中的前一个顶点 v_1。对 v_3 和 v_4 执行同样的操作，结果如图 3.4 所示。

在顶点 t 加入 L 之前，只要一直循环执行步骤❸即可。t 加入 L 之后，从 t 出发按照指针的指向一直回溯到 s 就可以得到最短路径，其长度等于 $\delta(t)$（参见图 3.5）。

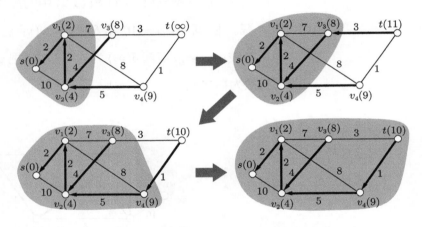

图 3.5　循环执行步骤❸直到顶点 t 被加入 L（灰色区域）

步骤❸的每一次循环都向 L 中添加一个顶点。当所有顶点都加入 L 后，算法执行结束。设顶点数为 n，则循环次数最多为 n 次。

这里笔者就不介绍算法正确性的详细证明过程了，只说明一下大概思路。我们要证明的是"在算法执行过程中，对于任意顶点 $v \in L$，$\delta(v)$ 等于 s 到 v 的**不是暂定的而是真正的**最短路径的长度"。由于最后输出的是顶点 t 加入 L 之后的 $\delta(t)$ 的值，所以只要能证明以上命题，就证明了算法的正确性。用数学归纳法可以证出上述命题。

在算法执行之初，只有 s 加入了 L，由 $\delta(s) = 0$ 可知，命题成立。需要用归纳法来证明的部分是，假设某时刻，比如第 k 次循环刚刚结束时命题成立，证明在第 $k+1$ 次循环刚刚结束之时（即 δ 值最小的顶点 v^* 加入 L，并对 v^* 的相邻顶点进行更新操作之后）命题也成立。换句话说，只需要证明在第 $k+1$ 次循环刚刚结束时，$\delta(v^*)$ 等于从 s 到 v^* 的真正的最短路径长度即可。

◦ **章末习题** ◦

1. 用迪杰斯特拉算法求出图 3.6 中的最短路径。

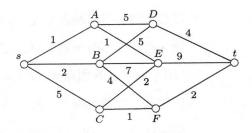

图 3.6 求最短路径

2. 当从 s 到 t 有多条最短路径时，用迪杰斯特拉算法可以求出其中的某一条。怎样改进迪杰斯特拉算法，才能求出所有的最短路径？

3. 用习题 2 中得到的算法求图 3.7 中从 s 到 t 的所有最短路径。

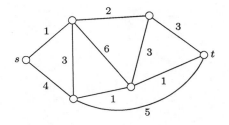

图 3.7 求从 s 到 t 的所有最短路径

第4章 欧拉回路与哈密顿圈

本章主要介绍两种图的遍历问题。我们从当前位置出发进行遍历，每个顶点只经过一次之后回到原来的位置，这样就形成一个哈密顿圈。如果每条边恰好经过一次，则形成一个欧拉回路。这两个概念看起来很相似，但要想判断它们的存在性，难度就大不相同了。

4.1　定义

本章中，如果没有特别说明，则只考虑连通图的情况。图的**欧拉回路**（Euler circuit）是指，经过图中各边恰好一次的回路（虽然从定义上讲，"圈"不允许通过同一个顶点两次，但仍有"欧拉圈"的说法）。图的**哈密顿圈**（Hamiltonian cycle）是指，经过图中各顶点恰好一次的圈。图 4.1 是欧拉回路和哈密顿圈的例子。

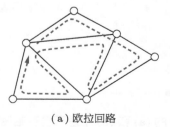
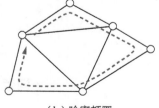

(a) 欧拉回路　　　　　　　　(b) 哈密顿圈

图 4.1　欧拉回路和哈密顿圈

问题 4.1

图 4.2 的 (a) 和 (b) 中是否含有欧拉回路？如果有，请在图上标出，如果没有，请给出理由。

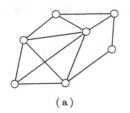 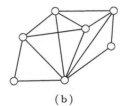

(a)　　　　　　　　(b)

图 4.2　判断是否含有欧拉回路

解答 4.1

(a) 不含欧拉回路。至于理由，看完下一节就明白了。

(b) 欧拉回路如图 4.3 所示。

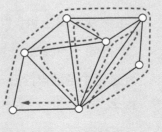

图 4.3　欧拉回路

问题 4.2

图 4.4 的 (a) 和 (b) 中是否含有哈密顿圈？如果有，请在图上标出，如果没有，请给出理由。

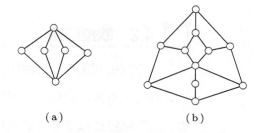

（a）　　　　　　　　（b）

图 4.4　判断是否含有哈密顿圈

● 解答 4.2

（a) 不含哈密顿圈，大家一看便知。不过，我们还是试着给出一个一般性的充分条件来证明 (a) 中不含哈密顿圈。像图 4.5a 那样，将上下两个顶点从图中删除，整个图会分裂成四个连通分支。如果图中存在哈密顿圈，哪怕只考虑这个圈的部分，整个图也应该只分裂成两部分，而不是四部分。一般来说，如果删除 t 个顶点之后，整个图分成了 $t+1$ 个或更多个连通分支，则该图不含哈密顿圈。

（b) 不含哈密顿圈。如图 4.5b 所示对顶点进行着色。任何一条边都是由○顶点和●顶点连结而成的（换言之，这是一个二部图）。假设存在哈密顿圈，则在该圈中○顶点和●顶点一定是交替出现的，可是图中○顶点和●顶点的个数并不相同，所以图 4.5b 中不含哈密顿圈。

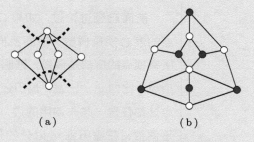

（a）　　　　　　　　（b）

图 4.5　两个图都不含哈密顿圈

4.2　欧拉回路

一个欧拉回路每经过图中一个顶点，就要恰好用掉与该顶点相关联的两条边。此外，在遍历的起始顶点处，出发时用掉一条边，此后每经过该顶点一次就用掉两条边，遍历结束时又用掉一条边。因此，各顶点处用掉的边都是偶数条。由此，只要出现度为奇数的顶点，我们就可以断定该图不含欧拉回路。那么，这个结论反过来还成立吗？也就是说，如果所有顶点的度都是偶数，就一定包含欧拉回路吗？答案是肯定的。

定理 4.1

连通图 G 中含有欧拉回路的充分必要条件是，G 中所有顶点的度都是偶数。

证明 4.1

前面已经讨论过，如果 G 中含有欧拉回路，则 G 中所有顶点的度必须是偶数。下面我们来证明反过来的情况，即设 G 中所有顶点的度都是偶数，证明欧拉回路真的存在。从图 G 的任意顶点（比如 v_1）出发，遍历还没有用到的边来构造回路。在各顶点处都任选一条未使用的边，从这条边往下走。因为顶点的度都是偶数，在遍历到 v_1 以外的顶点时，与该顶点关联的边中都应该有奇数条已经被用掉了，所以一定存在还没有走过的边，我们可以通过该边继续往下走。在遍历结束回到 v_1 时，与 v_1 关联的边中已经用掉了偶数条。如果依然有没走过的边，就沿着这条边从 v_1 再次出发，直到不能再继续重复以上过程。这时只剩下一种可能，那就是回到 v_1 时所有与 v_1 关联的边已经全部用光了。如果图中所有边都已经用完，那么欧拉回路也就求出来了。否则，我们会得到一条回路（记为 C_1），但这条回路并没有覆盖所有边。具体如图 4.6 所示。

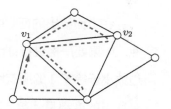

图 4.6　回路未覆盖所有边

现在，将 C_1 中用到的边全部从图 G 中删除，如果出现孤立顶点也将其删除，得到的图记为 G'。已知图 G 中所有顶点的度都是偶数，与各顶点相关联的边中有偶数条（包括 0 条）边已经在 C_1 中被用掉了，所以图 G' 中所有顶点的度也是偶数（不过这时的 G' 可能已经不再是连通图了）。由于图 G 是连通的，所以在图 G 中找到 C_1 时，在某些顶点处应该既有 C_1 中的边，也有 C_1 以外的边。设 v_2 为这样的一个顶点。和在 G 中从 v_1 出发的遍历过程一样，在 G' 中以 v_2 为起点搜索回路，并将找到的回路记为 C_2。

因为 C_1 和 C_2 都经过顶点 v_2，所以我们可以从 C_1 上的 v_1 出发先到 v_2，接着从这里换到 C_2 的路线上去，走遍 C_2 中所有的边之后，再通过 v_2 回到 C_1 上，经过 C_1 中剩下的边回到起点 v_1，这样就形式了一条回路（如图 4.7）。反复利用上述过程，最终就可以得到欧拉回路。

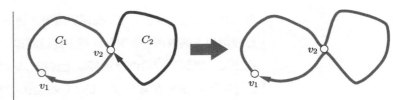

图 4.7　将交于一顶点的两条回路合并成一条回路

　　在上面给出的证明中，为了方便大家理解，牺牲了一定的严密性。如果要严格进行证明，对边数使用数学归纳法即可。比如，对边数小于等于 4 的所有图，从头到尾一个个验证命题成立（即若所有顶点的度都是偶数，则欧拉回路存在）。接下来，假设对于边数不超过 j 的任意图，命题都成立，要证明对于边数不超过 $j+1$ 的图 G，命题同样成立。和上面的证明一样，从出发点开始沿着图上的边构造回路 C，然后删除 C 得到新的图。令孤立顶点以外的连通分支为 $G_1, G_2, \cdots, G_t$，则（和上述证明同理）各 G_i 中每个顶点的度都是偶数，并且边数不超过 j。于是，根据归纳假设，这些图中都有欧拉回路，记为 $C_1, C_2, \cdots, C_t$。之后和上面证明中一样，将各个 C_i 连结起来形成回路 C，从而得到 G 的欧拉回路。

　　顺便提一下，目前认为图论领域最早的论文是由**莱昂哈德·欧拉**所著，内容正是与上述欧拉回路的存在性有关的问题。当时柯尼斯堡城区有河流穿过，河上架有七座桥（如图 4.8 左图所示）。某天，城中有居民突然注意到，自己无论如何都无法从自家出发后，不重复、不遗漏地走完七座桥，然后回到出发点。

于是，这位居民将这个发现告诉了欧拉。欧拉想到，可以将陆地作为顶点，桥作为边，把地图转化成图 4.8 右图的样子，这样居民口中的路径就相当于右图中的欧拉回路。由于图中存在度为奇数的顶点（实际上所有顶点的度都是奇数），所以该图中不包含欧拉回路。这样就证明了居民所说的路径是不可能存在的。另外，这里用到的图中含有平行边，不是简单图，但在这种情况下定理 4.1 依然成立。

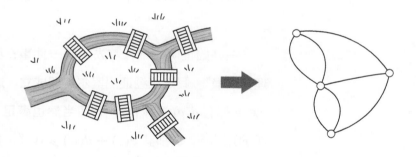

图 4.8　柯尼斯堡七桥问题抽象出的图

4.3　哈密顿圈

对于给定的图，要判断其中是否含有欧拉回路，只要看看各个顶点的度即可，非常高效。哈密顿圈的存在性判定问题乍一看和欧拉回路的存在性判定问题很相似，实际上是所谓的 **NP 完全问题**，不太可能存在高效的算法。所以，探索可以高效验证的必要条件和充分条件便成了重要的研究课题。下面举几个例子。

> ### 定理 4.2 　狄拉克（Dirac）定理
>
> 　　令 $G = (V, E)$，其中 $|V| \geqslant 3$。若对于所有顶点 $v \in V$ 都有 $d(v) \geqslant |V|/2$，则 G 包含哈密顿圈。

> ### 定理 4.3 　奥尔（Ore）定理
>
> 　　令 $G = (V, E)$，其中 $|V| \geqslant 3$。若对于任意两个不相邻的顶点 v、w 都有 $d(v) + d(w) \geqslant |V|$，则 G 包含哈密顿圈。

　　在开始证明之前，首先明确一件事：奥尔定理比狄拉克定理要"强"。假定已经证明奥尔定理成立。这样，"对于所有顶点 $v \in V$ 都有 $d(v) \geqslant |V|/2$"的图当然也满足"对于任意两个不相邻的顶点 v、w 都有 $d(v) + d(w) \geqslant |V|$"，根据奥尔定理，我们立刻可以得到 G 包含哈密顿圈的结论。也就是说，奥尔定理涵盖狄拉克定理所给出的结论。

　　从另一个角度来看，奥尔定理和狄拉克定理分别保证了一些图中哈密顿圈的存在性，由奥尔定理保证的图的集合中包含了由狄拉克定理保证的图的集合。再稍微思考一下就会发现，这种包含是**真包含**关系，对于有些图，狄拉克定理无法保证其中存在哈密顿圈，但奥尔定理可以。在这个层面来说，奥尔定理比狄拉克定理要"强"。

好了，下面开始证明狄拉克定理。

证明 4.2

令 $n = |V|$。接下来会反复用到"对于所有顶点 $v \in V$ 都有 $d(v) \geqslant n/2$"这个条件，我们把这个条件称为**狄拉克条件**。下面，用反证法开始证明。我们通过考察定理的一个反例，即满足狄拉克条件，但不包含哈密顿圈的图 $G = (V, E)$，来推出矛盾。现在，G 不包含哈密顿圈。以此为前提，向 G 中一条一条地随意添加边，直到无法添加为止。这时得到一个新的图，我们把它记为 G'。

由于 G' 是在 G 的基础上通过添加边得到的，所以它也满足狄拉克条件。但是，它不包含哈密顿圈，所以 G' 也是定理的一个反例，而且是不包含哈密顿圈的图中"快到极限"的例子。也就是说，只要往 G' 中再添加一条边，就会产生哈密顿圈了。这时，G' 中有一条包含所有顶点的路径，我们称之为**哈密顿路径**（Hamiltonian path）。这条路径的产生过程如下：向 G' 中再添加一条边可以产生哈密顿圈，从哈密顿圈中将这条边删除，就能得到一条哈密顿路径。按照这条哈密顿路径中顶点出现的顺序，我们将顶点命名为 $v_1, v_2, \cdots, v_n$。由于 G' 中不存在哈密顿圈，所以 v_1 和 v_n 间没有边。

已知 $d(v_1) \geqslant n/2$。边 (v_1, v_2) 存在，但边 (v_1, v_n) 不存在。那么，在 v_3 到 v_{n-1} 这 $n-3$ 个顶点中，与 v_1 相邻的至少有 $n/2 - 1$ 个。同理，$d(v_n) \geqslant n/2$ 且边 (v_{n-1}, v_n) 存在，但边 (v_1, v_n) 不存在。于是，在 v_2 到 v_{n-2} 这 $n-3$ 个顶点中，至少有 $n/2 - 1$ 个顶点与 v_n 相邻（参见图 4.9）。

根据抽屉原理[①]，一定存在某个 $i\,(3 \leqslant i \leqslant n-1)$，使得 (v_1, v_i) 和 (v_{i-1}, v_n) 这两条边都存在。这时，$v_1, v_2, \cdots, v_{i-1}, v_n, v_{n-1}, \cdots,$ v_i, v_1 构成一条哈密顿圈（参见图 4.10）。明明 G' 中应该不含哈密顿圈，我们却找到一条，这显然是矛盾的。

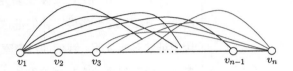

图 4.9　存在边 (v_1, v_2)，不存在边 (v_1, v_n) 且 $d(v_1) \geqslant n/2$ 的情况

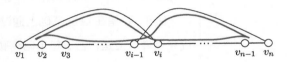

图 4.10　$v_1, v_2, \cdots, v_{i-1}, v_n, v_{n-1}, \cdots, v_i, v_1$ 构成一条哈密顿圈

① 也称鸽巢原理。将 $n+1$ 个元素放入 n 个集合中，其中必定有某个集合里至少有 2 个元素。

——译者注

在狄拉克定理的证明中，利用抽屉原理证明 i 的存在性这部分跳过了一些步骤。希望读者不要囫囵吞枣也跟着跳过去，最好能试着补全证明。

◦ **章末习题** ◦

1. 请举出满足以下条件的示例。

　　(1) 含有哈密顿圈但不含欧拉回路的图。

　　(2) 含有欧拉回路但不含哈密顿圈的图。

2. 请仿照狄拉克定理的证明过程，证明奥尔定理。

第 5 章

图着色

本章的主题是图着色。图着色又分为顶点着色和边着色，笔者会在 5.1 节和 5.2 节中分别对其进行介绍。图着色可以应用于调度等问题，平面图的顶点着色与著名的四色问题也有很深的联系。本章也会涉及四色问题和一些其他相关问题。

5.1 顶点着色

图的**顶点着色**（vertex coloring）是指给图的各顶点涂色，使得对于任意一条边，其两个端点的颜色都不同（参见图 5.1）。设顶点数为 n，显然用 n 种颜色一定能满足以上条件。这里，我们希望用尽量少的颜色达到上述目的。

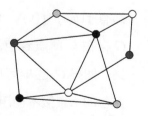

图 5.1 图的顶点着色

　　顶点着色可以应用在调度问题[①]上。比如，某学校计划在校园文化节上放映 10 部电影。简单起见，假设每部电影的时长都是 2 小时。为了弄清大家想要看哪些影片，事先在学生中做了问卷调查。然后以电影为顶点，构造一个有 10 个顶点的图。此时如果有学生希望同时观看电影 i 和电影 j，则在顶点 i 和 j 之间连一条边 (i, j)。按照以上方法构造图，然后对图进行顶点着色。在着好色的图中，同一种颜色的顶点对应的电影（以下简称"同色电影"）都可以在同一时间上映。之所以这么说，是因为同色顶点之间没有边相连，也就是说，没有人希望看同色电影中的某两部或者多部。于是，只要为每种颜色设置一个放映时间即可。最小化颜色的数量，就相当于最小化电影的总放映时间（这里假设电影放映厅足够多）。另外，前面提到的使用 n 种颜色的着色方案，表示所有电影按顺序一一放映。

　　下面我们来定义顶点着色。图 $G = (V, E)$ 的 **k-顶点着色**定义为一个映射 $f: V \to \{1, 2, \cdots, k\}$，使得对于任意边 $(u, v) \in E$ 都有 $f(u) \neq f(v)$。换句话说，就是用整数来代表颜色。如果图 G 存在 k-顶点着色，我们则称 G 为 **k-可顶点着色**的。根据定义，如果 G 是 k-可顶点着色的，很显然 G 也是 $(k + 1)$-可顶点着色的（直接不使用第 $k + 1$ 种颜色即可）。使图 G 满足 k-可顶点着色的这个条件的最小的 k 称为 G 的**顶点色数**[②]（chromatic number），记为 $\chi(G)$。换句话说，图 G 是 $\chi(G)$-可顶点着色的，并不是 $(\chi(G)-1)$-可顶点着色的。

① 可以简单理解为日程安排或者工作安排问题。
　　　　　——译者注
② 只说"色数"，一般是指顶点色数。
　　　　　——译者注

问题 5.1

求图 5.1 中的图的顶点色数。

解答 5.1

答案是 3。具体着色方案省略。另外，很显然 2 种颜色是不够用的。

问题 5.2

证明：任意图 G 都是 $(\Delta(G) + 1)$-可顶点着色的（$\Delta(G)$ 的定义参见 1.3 节）。

解答 5.2

给 G 的顶点按一定规则排序，并用 $\Delta(G) + 1$ 种颜色按排好的顺序对顶点着色。轮到顶点 v 时，挑一个 v 的相邻顶点未使用过的颜色对 v 着色。由 $d(v) \leqslant \Delta(G)$ 可知，和 d 相邻的顶点最多只能有 $\Delta(G)$ 个，就算这些相邻顶点的颜色都不相同，也会剩下一种颜色，让 v 有色可着。所以，按照上述方法，就可以对所有顶点的着色。

问题 5.3

证明：问题 5.2 的命题是最优的（即无法被改进）。换句话说，请给出无法用 $\Delta(G)$ 种颜色完成顶点着色的图 G。

解答 5.3

对完全图 $G = K_n$，有 $\Delta(G) = n - 1$。另一方面，除非所有顶点的颜色都不相同，否则无法满足顶点着色的条件，所以需要 n 种颜色。所以，K_n 无法用 $\Delta(G)$ 种颜色完成顶点着色。

对奇数长的圈，有 $\Delta(G) = 2$。对于这样的圈，只用 2 种颜色无法满足顶点着色的条件。这也是一个答案。

● 5.1.1 布鲁克斯定理 ●

本节介绍与顶点着色相关的布鲁克斯（Brooks）定理。

定理 5.1　布鲁克斯定理

对于连通图 G，如果 G 既不是完全图，又不是奇数长的圈，则 G 是 $\Delta(G)$-可顶点着色的。

在问题 5.2 中我们看到，所有图都是 $(\Delta(G) + 1)$-可顶点着色的。布鲁克斯定理告诉我们，实际上需要 $\Delta(G) + 1$ 种颜色的图只有两种，即问题 5.3 的解答中给出的完全图和奇数长的圈。由于定理的证明过程比较复杂，我们跳过证明 5.1，先来证明一个相对简单一些的定理（参见本章的章末习题 3）。

定理 5.2

非正则的连通图 G 是 $\Delta(G)$-可顶点着色的。

证明 5.2

　　因为 G 是连通图，所以其中一定存在生成树。任选一个生成树，记为 T。由于 G 非正则，所以一定存在某个度并非最大的顶点（即度不等于 $\Delta(G)$ 的顶点），我们令其为 v（请注意，这里的"度"，是指图 G 中顶点的度，而非 T 中的度）。在生成树 T 中，我们将 v 看作根顶点。在 T 中，从叶顶点开始向根顶点的方向依次进行着色。更准确地说，在给顶点 u 着色的阶段，u 以下的叶顶点必须都已完成着色。例如，在图 5.2 中，我们用加粗的边表示生成树，并按照标注的顺序为顶点依次着色，这个过程就满足上述条件。和问题 5.2 的解答一样，当轮到顶点 u 时，从 $\Delta(G)$ 种颜色中选一个 u 的相邻顶点未使用过的颜色为 u 着色。下面来说明为何 u 一定有色可着。

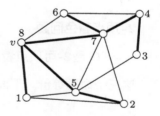

图 5.2　图的一个生成树（加粗的边）

　　当 $u \neq v$ 时，在 T 上，比 u 还靠近根部的顶点都还没有着色。换句话说，在 u 周边①，至少存在一个还未被着色的顶点。于是，在 u 周边被用掉的颜色最多有 $d(u) - 1 \leqslant \Delta(G) - 1$ 种。由于存在未被使用的颜色，所以 u 有色可着。最后给 v 着色时（当 $u = v$ 时），虽然 v 周边的顶点都已经被着色了，但 v 并不是度最大的那个，所以 $d(v) \leqslant \Delta(G) - 1$。既然 v 的周边最多只用掉了 $\Delta(G) - 1$ 种颜色，那么肯定还有没被用到的颜色，剩下的颜色可以给 v 用。

① u 的"周边"，指的是与 u 相邻的顶点构成的集合，也称 u 的**邻域**（neighborhood）。

——译者注

● 5.1.2　k-顶点着色问题 ●

在顶点着色问题中，我们要解决的是，对给定的图 G，如何用最少的颜色对顶点进行着色。在本节中，我们来思考一下与顶点着色相对应的判定问题——k-顶点着色问题。具体来说，就是给定图 G 和正整数 k，判断图 G 是否满足 k-可顶点着色的性质。针对这个问题，要给出 Yes 或 No 的答案。下面，分别来看看 $k = 1, 2, 3, 4$ 的情况吧。

1-顶点着色问题

如果图中没有边存在则答案是 "Yes"。只要有一条边，答案就是 "No"。

2-顶点着色问题

"G 是 2-可顶点着色的" "G 是二部图" "G 中不含奇数长的圈"这三个命题等价。下面我们来证明。

定理 5.3

G 是 2-可顶点着色的，当且仅当 G 是二部图。

证明 5.3

设 G 是 2-可顶点着色的。根据着色方案，我们可以把顶点分成 V_1（颜色 1 的顶点集合）和 V_2（颜色 2 的顶点集合）两部分。V_1

中的顶点是同一种颜色，它们之间不存在边。同样的结论也适用于 V_2。因此，G 为二部图。

反之，设 G 是二部图。图中的顶点可以分成 V_1 和 V_2，使得各 V_i 内部不存在边。将 V_1 中的顶点全部涂上颜色 1，将 V_2 中的顶点全部涂上颜色 2，这样就得到了 G 的 2-顶点着色方案。

定理 5.4

G 是 2-可顶点着色的，当且仅当 G 中不含奇数长的圈。

证明 5.4

设 G 中含有奇数长的圈 $v_1 v_2 \cdots v_t v_1$。要想用两种颜色给 G 着色，圈上的各顶点必须两种颜色交替出现。因为 t 是奇数，所以 v_1 和 v_t 同色。但是，由于存在边 (v_1, v_t)，所以 G 不是 2-可顶点着色的。以上论述证明了"如果 G 是 2-可顶点着色的，则 G 中不含奇数长的圈"的逆否命题。

反过来，设 G 中不含奇数长的圈，证明 G 是 2-可顶点着色的（以下均假设 G 是连通图。对于非连通的情况，只要对每个连通分支分别进行同样的讨论即可）。选任一顶点，记为 v，并令 $S_1 = \{v\}$。把和 v 相邻的顶点构成的集合记为 S_2。把与 S_2 中某顶点相邻，并且不在 S_1 也不在 S_2 中的顶点构成的集合记为 S_3。同样，把与 S_i 中某顶点相邻，并且不属于 $S_1, S_2, \cdots, S_i$ 的任何一个中的顶点构成的集合记为 S_{i+1}。重复以上操作，直到所有顶点都落入某个集合 S 中。

首先我们来证明，对于 S_i 和 S_j，当 $j \geqslant i+2$ 时，即 i 和 j 至少

相差 2 的时候，S_i 和 S_j 之间没有边。我们假设 $u \in S_i$ 和 $w \in S_j$ 存在边，那么 w 在落入 S_j 之前应该早就被归到 S_{i+1} 里了，这就产生了矛盾。

　　接下来证明，同属于 S_i 的两个顶点 u_i、w_i 之间没有边。我们通过假设 u_i 和 w_i 之间存在边来推出矛盾。根据 S_i 的构造方法，u_i 和 w_i 都和 S_{i-1} 中的某个顶点构成边（在图 5.3 的例子中 $S_i = S_7$）。如果 S_{i-1} 中相同的顶点和它们构成了边，则出现了长为 3 的圈。下面，假设由不同的顶点构成了两条边，我们将两顶点分别记为 u_{i-1} 和 w_{i-1}。又根据 S_{i-1} 的构造方法，u_{i-1} 和 w_{i-1} 都和 S_{i-2} 中的某个顶点构成边。如果是相同顶点和它们构成边，则出现了长为 5 的圈。那么，我们依然只能假设由不同的顶点构成了两条边。重复进行以上讨论，最终会追溯到 S_1 中的顶点 v，这时还是会得到一条奇数长的圈，这与假设矛盾。

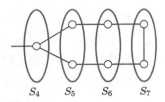

图 5.3　用反证法假设 S_i 的两个顶点 v_i 和 w_i 之间没有边

　　将属于 $S_1 \cup S_3 \cup S_5 \cup \cdots$ 的顶点涂上颜色 1，将属于 $S_2 \cup S_4 \cup S_6 \cup \cdots$ 的顶点涂上颜色 2，根据上述讨论可知，不同颜色的顶点之间没有边。所以，G 是 2-可顶点着色的。

3-顶点着色问题

3-顶点着色问题是 NP 完全问题,这里就不详述了。换句话说,很可能没有高效的算法来判断 G 是否为 3-可顶点着色的。

4-顶点着色问题:用 4 种颜色对地图着色

从 3-顶点着色问题出发做一个简单的归约^① 可知,4-顶点着色问题也是 NP 完全问题。接下来讨论的内容会有点离题。

给平面上的空白地图着色,能否只用 4 种颜色就让相邻的区域着上不同的颜色?这就是大名鼎鼎的**四色问题**(the four color problem)。例如,在图 5.4 的地图中,按照每个区域中的颜色标号进行着色,即可用 4 种颜色完成着色。

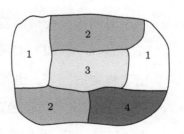

图 5.4　用 4 种颜色对地图着色

① 在可计算性理论与计算复杂性理论中,**归约**是指把某个问题转换成另一个问题的过程。

——译者注

对于平面上的地图,我们可以将各区域视为顶点,用边连接相邻的区域,这样就得到一个平面图(参见图 5.5)。通过逆向操作,我们也可以把任意的平面图变成对应的地图。于是,四色问题就等价于"是否所有平面图都是 4-可顶点着色的"这一问题。

可平面图一定可以画成平面图，所以这个问题与"是否所有可平面图都是 4-可顶点着色的"等价。以下我们统一使用"平面图"的说法。

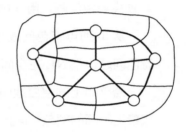

图 5.5　用图 5.4 的地图抽象出的平面图

文献显示，这个问题在 1852 年就被提出来了，之后很长一段时间都没能得出答案，终于在 1977 年，肯尼斯·阿佩尔（Kenneth Appel）和沃尔夫冈·哈肯（Wolfgang Haken）给出了肯定的回答。也就是说，任意平面图都是 4-可顶点着色的。以上结论称为**四色定理**（the four color theorem）。四色定理比较难证明，我们先来看看如何证明**五色定理**（the five color theorem）吧。作为准备工作，我们需要先给出下面的引理。

引理 5.5

在任何平面图中都存在度不超过 5 的顶点。

证明 5.5

　　假设这里的图都是连通图（对于非连通图，只要对每个连通分支进行以下讨论即可）。假设平面图的顶点数为 n，边数为 m，面数为 h。根据定理 1.2 中的欧拉公式可得

$$n + h = m + 2 \tag{5.1}$$

引理 5.5 对于边数不超过 1 的图一定成立，所以在下面的讨论中，我们默认边数大于等于 2。每个面都由不少于 3 条的边围成，同时每条边都只能作为两个面的边界，于是有不等式

$$3h \leqslant 2m \tag{5.2}$$

从 (5.1) 和 (5.2) 中消去 h 可得

$$3n \geqslant m + 6 \tag{5.3}$$

设所有顶点的度的总和等于 D。根据问题 1.2 中的握手定理可得 $D = 2m$，将其代入式子 (5.3) 可以消去 m，得到

$$\frac{D}{2} + 6 \leqslant 3n \tag{5.4}$$

继续变形可得

$$\frac{D}{n} \leqslant 6 - \frac{12}{n} < 6 \tag{5.5}$$

这表示度的平均值小于 6。因为一定存在度在平均值以下的顶点，又因为顶点度必须是整数，所以度不超过 5 的顶点必然存在。

　　准备工作已经做好了，下面开始证明五色定理。

定理 5.6　　五色定理

任意平面图都是 5-可顶点着色的。

证明 5.6

　　证明的思路是对顶点数使用归纳法。对于顶点数不超过 5 的平面图，定理显然成立。假设对于顶点数不超过 k 的平面图，命题都成立。下面我们来证明有 $k+1$ 个顶点的平面图 G 都是 5-可顶点着色的。将度最小的顶点记为 v。由引理 5.5 可知，$d(v) \leqslant 5$。从 G 中删除 v 及与其关联的边，并将得到的新图记为 G'（参见图 5.6）。

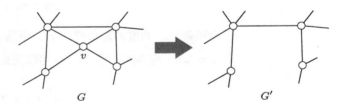

图 5.6　从 G 中删除 v 及其关联的边得到 G'

　　因为 G' 是有 k 个顶点的平面图，根据归纳假设，G' 是 5-可顶点着色的。当 $d(v) \leqslant 4$ 时，被 v 的相邻顶点用掉的颜色最多有 4 种。因此，给 v 涂上没有被使用的颜色即可，这样我们就完成了对 G 的 5-顶点着色。即使是 $d(v) = 5$ 的情况，只要被 v 的相邻顶点用掉的颜色不超过 4 种，以上讨论就依然适用。剩下我们要讨论的是，当 $d(v) = 5$ 且 v 的所有相邻顶点的颜色都不相同的情况（参见图 5.7）。

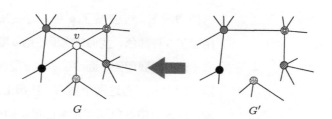

图 5.7　当 $d(v)$=5 且 v 的所有相邻顶点的颜色都不相同的情况

　　对于这种情况，我们先来集中考虑其中两种颜色（比如 ● 和
◎）。从与 v 相邻的 ◎ 色顶点（记为 v_1）出发，思考只由 ◎ 色顶点
和 ● 色顶点构成的连通分支（参见图 5.8 左）。在这个连通分支中
即便将 ◎ 和 ● 互换，图依然保持 5-顶点着色的状态不变（参见图
5.8 右）。这时 v_1 变成了 ● 色，◎ 色顶点从 v 的周边消失了，于是
我们就可以给 v 涂上 ◎ 色了，G 也就找到了 5-顶点着色方案。证
明结束。

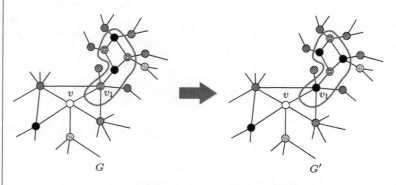

图 5.8　当 v 周边的顶点用掉 5 色时，通过交换颜色让 v 得以着色

　　其实上面的论述有个漏洞。在上述连通分支里，如果还包含一
个与 v 相邻的 ● 色顶点（记为 v_2）（参见图 5.9），那该怎么办？在

这种情况下，v_1 变成了 ● 色，v_2 变成了 ◎ 色，v 的周边顶点还是用掉了 5 种颜色，我们依然没法给 v 着色。

这时就要用到平面性了。将 v 周边的 ● 色顶点记为 v_3，将 ◎ 色顶点记为 v_4。对这两个顶点，按照上面的内容进行操作。从 v_3 出发，只通过由 ● 色顶点和 ◎ 色顶点构成的连通分支，无法到达 v_4。这是因为在从 v_1 到 v_2 的路上，遇到了 ● 和 ◎ 之间架起来的"桥"。因为是平面图，所以由 ● 色顶点和 ◎ 色顶点构成的连通分支没办法跨越这座桥。因此，在这个连通分支中，如果将 ● 和 ◎ 互换，则 v_3 会变成 ◎ 色，v_4 保持不变，仍然是 ◎ 色。所以，给 v 涂上 ● 色，就完成了对 G 的 5-顶点着色。

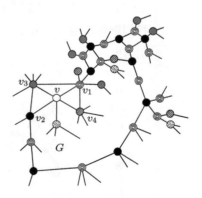

图 5.9　与 v 相邻的 v_1 和 v_2 处于同一连通分支中时，无法简单互换颜色

上面的证明中用到了"平面图中存在度不超过 5 的顶点"这一事实。如果可以证明"平面图中必存在度不超过 4 的顶点"，用同样的方法就可以证明出四色定理了。这有可能吗？反之，如

果能构造出所有顶点的度都大于 5 的平面图，也就是找到反例，我们就可以否决上面的想法了。大家试一试吧！

5.2　边着色

图的**边着色**（edge coloring）是指，给图的各边涂色，使得对于任意顶点，与其关联的边的颜色都不同（参见图 5.10）。

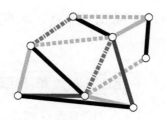

图 5.10　图的边着色

如果图 G 可以用 k 种颜色实现边着色，我们则称 G 为 **k-可边着色**的。使 G 满足 k-可边着色条件的最小的 k 称为 G 的**边色数** [①]，记为 $\chi'(G)$。换句话说，图 G 是 $\chi'(G)$-可边着色的，但并非 $(\chi'(G) - 1)$-可边着色的。和顶点着色类似，边着色定义为边集合到自然数的映射，这里笔者就不详细介绍了。

① 也称**色指数** (chromatic index)。

——译者注

问题 5.4

图 5.10 中的图用 5 种颜色实现了边着色。可以用更少的颜色做到吗？

解答 5.4

图中存在度为 5 的顶点，与该顶点关联的边都必须是不同的颜色，所以不可能。

希望大家还记得，图 G 中顶点度的最大值记为 $\Delta(G)$。从定义可知，$\chi'(G) \geqslant \Delta(G)$。维津（Vizing）给出了以下定理。

定理 5.7	维津定理

对任意图 G 都有 $\chi'(G) \leqslant \Delta(G) + 1$。

由此可知，$\Delta(G) \leqslant \chi'(G) \leqslant \Delta(G) + 1$。换句话说，边色数可以用图的顶点最大度来刻画，误差仅仅 ± 1。而对于顶点着色，我们只给出了色数的上限。其实我们完全可以构造出最大度很大，但顶点色数很小的图。

问题 5.5

构造出上述"最大度很大但顶点色数很小的图"。

解答 5.5

思考由一个顶点和与其相邻的 $n-1$ 个顶点构成的图。这 $n-1$ 个顶点之间没有边。这类图称为**星图**（star graph）（参见图 5.11），其最大度为 $n-1$，但因为它是二部图，所以是 2-可顶点着色的。

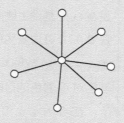

图 5.11　星图

柯尼希（König）证明了以下定理。由柯尼希定理可知，对任意二部图 G，都有 $\chi'(G) = \Delta(G)$。

定理 5.8　**柯尼希定理**

对任意二部图 G，都有 $\chi'(G) \leqslant \Delta(G)$。

证明 5.8

对边数使用数学归纳法。对于边数为 0 的图 G，有 $\chi'(G) = 0$ 且 $\Delta(G) = 0$，命题成立。

接下来，假设对于边数不超过 k 的任意二部图，命题都成立，我们来证明对于边数不超过 $k+1$ 的二部图，命题也成立。记边数为 $k+1$ 的任意一个二部图为 $G = (U, V, E)$。从 G 中任意删除一条边 $e = (u, v)$（这里 $u \in U, v \in V$），将得到的新图记为 G'。因为 G' 有 k 条边，根据归纳假设，G' 是 $\Delta(G')$-可边着色的。又因为 G' 是在 G 的基础上删除边得到的，所以有 $\Delta(G') \leqslant \Delta(G)$。因此，$G'$ 是 $\Delta(G)$-可边着色的。以完成边着色的 G' 为基础，我们来试着把边 $e = (u, v)$ 放回 G' 中，并通过对其适当着色，来达到用 $\Delta(G)$ 种颜色对 G 着色的目的。

在 G' 中，u 和 v 的度都比在 G 中少 1，因此，有 $d_{G'}(u) \leqslant \Delta(G) - 1$，以及 $d_{G'}(v) \leqslant \Delta(G) - 1$（这里 $d_{G'}(u)$ 表示顶点 u 在图 G' 中的度）。所以，和 u 关联的边最多会用掉 $\Delta(G) - 1$ 种颜色。同样，和 v 关联的边也是最多用掉 $\Delta(G) - 1$ 种颜色。现在我们想用 $\Delta(G)$ 种颜色对 G 进行边着色，所以对于 u 和 v，与其关联的边至少要有一种颜色是未使用的。如果有某种颜色在 u 和 v 的关联边中都没用到，我们就可为边 $e = (u, v)$ 着该色，于是 G 也就实现了 $\Delta(G)$ 种颜色的边着色。下面我们思考 u 处未使用的颜色和 v 处未使用的颜色没有交集的情况。

设 u 处未使用的颜色（之一）为 α，设 v 处未使用的颜色（之一）为 β。由前面的假设可知，在 u 处用到了 β 色，在 v 处用到了 α 色（参见图 5.12 左）。从顶点 u 出发，交替地沿着 α 色的边和 β 色的边往前走，直到无法前进。由于同一个顶点处相同颜色的边只有一条，所以以上过程不会出现分岔的情况，只能是一条路走到底。并且，这条路不会达到顶点 $v(*)$。

在由上述操作得到的路中互换 α 色和 β 色之后，图的边着色性质依然没有被破坏（参见图 5.12 右）。在新的边着色中，无论是 u 还是 v，它们的周边都没有用到 β 色，于是边 $e = (u, v)$ 可着 β 色，由此实现了用 $\Delta(G)$ 种颜色对 G 进行边着色的目标。

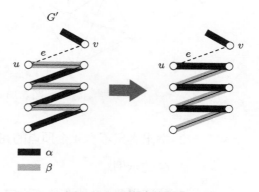

图 5.12 互换边的颜色

1. 求出以下各图的顶点色数。

(a) 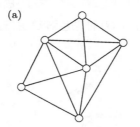　　(b)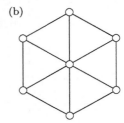

图 5.13　求顶点色数

2. 举出满足不含 4 个顶点的完全子图且 $\chi(G) = 4$ 这一条件的图 G 的示例。

3. 验证定理 5.2 比布鲁克斯定理弱的事实。

4. 举出满足以下条件的图 G 的示例。

    (1) $\chi'(G) = \Delta(G)$

    (2) $\chi'(G) = \Delta(G) + 1$

5. 证明：柯尼希定理的证明中标注 (*) 的命题成立。

第 6 章

最大流问题

在让液体从一地流向另一地时，要通过怎样的流动方式才能使尽量多的液体流过去？在图论中，这种问题叫作最大流问题。6.1 节会给出最大流问题的定义。6.2 节会介绍求解最大流的福特－富尔克森算法。6.3 节会引入割的概念，介绍如何二分顶点集合。流和割，这两个看似完全无关的概念之间其实有着极其紧密的联系。

6.1 什么是最大流问题

如图 6.1 所示，给定弧上赋权的有向图 $D = (V, A)$（前面提到，有向图的边称为**弧**）。这里的权值均为整数。在 V 中有两个特殊的顶点，一个是**源点**（source）s，另一个是**汇点**（sink）t。我们可以把弧 e 上的权值 $w(e)$ 理解为该弧（管道）的粗细，即沿着这条弧的方向只有 $w(e)$ 这么多的液体可以流过去。这时，从 s 往 t 的方向最多能让多少液体流过去的问题称为**最大流问题**（maximum flow problem 或 max-flow problem）。在最大流问题中，我们将弧的权值称为**容量**（capacity）。

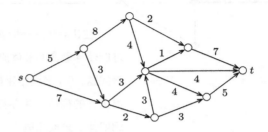

图 6.1　最大流问题的输入

　　最大流问题的数学定义如下。作为问题的输入，我们需要给出上述有向图 $D = (V, A)$、顶点 s 和顶点 t，以及各弧的容量 $w(e)$。定义一个函数 f，为每条弧指定一个实数值，若函数满足以下条件，则称之为**流**（flow）[①]。函数值 $f(e)$ 表示通过弧 e 的液体流量。

条件❶　**容量限制原则：**对所有的弧 e，有 $f(e) \leqslant w(e)$。

条件❷　**流量守恒原则：**对于 s、t 以外的任意顶点 v，下式都成立。

$$\sum_{\text{指向}v\text{的弧}e} f(e) = \sum_{\text{从}v\text{引出的弧}e} f(e)$$

　　条件❶表示，各弧上的流量不能超过其容量。条件❷表示，对除源点和汇点以外的顶点而言，流入的流量要等于流出的流量。例如，图 6.2 就是输入图 6.1 中的数值之后得到的一个流。各条弧旁标记着 $w(e)$ 和 $f(e)$ 的值（以 $w(e)/f(e)$ 的形式表示）。

① 也称为"网络流"。本章中的有向图就是此意义上的"网络"。

——译者注

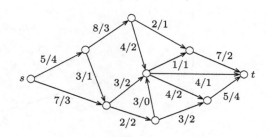

图 6.2　图 6.1 对应的流的示例

流 f 的流量定义为从 s 流出的流量总和，即

$$\sum_{\text{从}s\text{引出的弧}e} f(e)$$

根据流量守恒原则，f 的流量也等于流入 t 的流量总和，即

$$\sum_{\text{指向}t\text{的弧}e} f(e)$$

这里流 f 的流量表示从 s 到 t 流动的液体总量。例如，图 6.2 中的流量等于 7。流量最大的流称为**最大流**（maximum flow 或 max-flow）。最大流问题就是求解最大流的问题。

问题 6.1

求图 6.1 中的最大流。

解答 6.1

如图 6.3 所示。

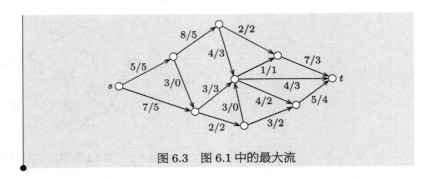

图 6.3　图 6.1 中的最大流

问题 6.2

为何问题 6.1 的解答中求得的就是最大流呢？请简要说明理由。

解答 6.2

思考由顶点 s 和其右下方的顶点这两顶点构成的集合 X（参见图 6.4）。从 X 向外引出的各弧的容量分别为 5、3、2，合计为 10。换句话说，从 s 流出的液体，经过 X 向外只能流出 10 的量，所以流量一定不超过 10。问题 6.1 的解答中给出的流，其流量恰好达到了 10，因此是最大流。

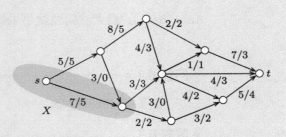

图 6.4　从顶点集合 X 流出的流量已经达到最大

6.2　福特 – 富尔克森算法

　　求解最大流问题的算法中，福特 – 富尔克森（Ford-Fulkerson）算法最有名。该算法最初可以随便选择某个流，并在此基础上，判断是否可以增加流量。若可以，则增加流量，并继续反复执行以上过程以得到更大的流。若不可以，则输出当前的流作为结果。

　　判断是否可以增加流量，需要引入**残留网络**（residual network）[①]的概念。残留网络是为当前的流 f 定义的一个赋权有向图（下文中记为 R）。其顶点集合与输入的图 G 相同，其弧的集合由与 D 中的弧方向相同和方向相反的两种弧构成。设 D 中有弧 $e = (u, v)$（注意，因为是有向图，所以 e 表示从 u 出发指向 v 的弧）。这时，在 R 中同时存在 (u, v) 和 (v, u) 两条弧，其中 (u, v) 的权值为 $w(e) - f(e)$，(v, u) 的权值为 $f(e)$。接下来解释为什么要这样定义。一方面，在 $u \rightarrow v$ 的方向有 $w(e)$ 大小的流可以通过弧 e，而当前只有 $f(e)$ 的流量。所以，在 $u \rightarrow v$ 的方向上，还可以增加 $w(e) - f(e)$ 的流量。另一方面，在 $u \rightarrow v$ 的方向上，因为只有 $f(e)$ 的流量，所以想要减少流量的话，最多只能减掉 $f(e)$ 的量。我们可以把这理解为"在 $u \rightarrow v$ 的方向上最多可以通过 $f(e)$ 大小的流量"，并将其用反向的弧表示。另外，当弧的权重为 0 时，R 中不包含对应的弧。作为例子，图 6.5 给出了图 6.2 中的流对应的残留网络。

[①] 也称"残存网络"。

——译者注

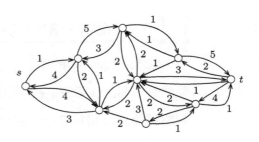

图 6.5 图 6.2 中的流对应的残留网络

在残留网络中，从 s 到 t 的路称为**增广路**（augmenting path）。增广路 P 上权值最小的弧的权重称为该增广路的容量，记为 $c(P)$。换句话说，通过增广路 P，从 s 到 t 最多只能有 $c(P)$ 流量的液体通过。

在图 6.6a 的上边缘，标出了图 6.5 中残留网络的一条增广路，其容量为 1。在图 6.2 的流的基础上，沿着这条增广路，只能增加大小为 1 的流量。流量增加后的情况如图 6.6b 所示。

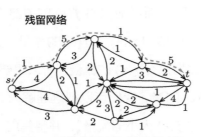

(a) 图 6.5 中的残留网络对应的增广路

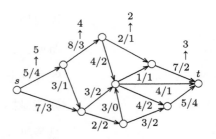

(b) 沿着 (a) 给出的增广路对流进行了更新

图 6.6 基于图 6.5 的残留网络对流进行更新

按照图 6.6 进行更新后，残留网络也要随之更新，如图 6.7a 所示。图中也标出了当前残留网络中的增广路。沿着这条增广路进一步增加流量后的情况如图 6.7b 所示。

请注意，图 6.7a 的增广路中出现了"倒流"的现象，即出现了"在当前的弧的基础上减小流量"的弧。沿着该增广路更新流量后，之前流量为 1 的弧上的流量变成了 0。这也正是在残留网络中定义反向弧的意图所在。

残留网络

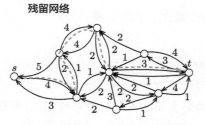

(a) 图 6.6 b 中的流对应的残留网络及其增广路

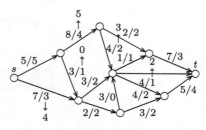

(b) 沿着 (a) 给出的增广路对流进行了更新

图 6.7 基于图 6.6b 的残留网络对流进行更新

福特－富尔克森算法按照这样的思路，逐渐增加流量，直到无法继续增加。下面给出算法的流程。

步骤❶ 求出初始流 f（针对所有弧 e，令 $f(e) = 0$，也就是根本"没有流动"的流）。

步骤❷ 求出流 f 对应的残留网络 R。

步骤❸ 在 R 上找出增广路。找到后，按照该增广路对 f 进行更新，并返回步骤❷。若找不到增广路，则进入步骤❹。

步骤❹ 输出 f。

虽然步骤❷写的是"求出残留网络 R"，但在实际情况下，只有在第一次执行步骤❷时，才会从零开始构建残留网络，之后再执行步骤❷时（也就是从步骤❸返回步骤❷的时候），只要在之前的残留网络基础上更新发生变化的部分即可。要证明该算法是正确的（即确实能求出最大流），就要证明，当 f 的残留网络中不存在增广路时，f 就是最大流。

定理 6.1

流 f 为最大流的充分必要条件是，f 的残留网络中不存在增广路。

只要证出充分条件，即可证明算法的正确性。因为必要性是显然满足的，所以这里就写成了充分必要条件。

证明 6.1

如果残留网络中存在增广路，则沿着增广路可以增大流量，所以 f 不是最大流。这个命题的逆命题就是，若残留网络中不存在增广路，则 f 是最大流。

假设残留网络 R 中不存在增广路。将 R 中从 s 出发可以到达的顶点 [①] 的集合记为 X（参见图 6.8）。显然 t 不在集合 X 中。

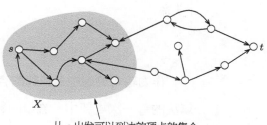

从 s 出发可以到达的顶点的集合

图 6.8 残留网络的示例

首先，在输入的图 D 中，假设存在一条弧 (u, v)，使得 $u \in X$ 且 $v \notin X$。根据 X 的定义，R 中不存在弧 (u, v)。由残留网络的定义可知，$f(e) = w(e)$。也就是说，在 D 中，弧 (u, v) 满满当当，容量都被用光了。

接下来，假设在图 D 中，存在一条弧 (u, v)，使得 $u \in X$ 且 $v \notin X$。根据 X 的定义，R 中不存在弧 (u, v)。由残留网络的定义可知，$f(e) = 0$。也就是说，在 D 中，弧 (u, v) 空空荡荡，没有任何流量。

综合以上两种情况可以发现，在 D 中从 X 的内部指向外部的弧（下文中简称为"向外弧"）都用尽了容量，而从 X 外部指向内部的弧完全没有流量。于是，流 f 从 X 向外部流出的总流量就等于"向外弧的容量总和"。对于除 s 和 t 以外的顶点，根据流量守恒原则，上述这些流量全都是从源点 s 处"喷涌"而出的。根据流 f 的流量的定义可以得出，f 的流量 ＝ 向外弧的容量总和。

另外，我们在问题 6.2 中也谈到过，能够从 X 出发向外部流出

① 指从 s 出发，沿着边的方向往下走，能到达的所有顶点。

——译者注

的流量，顶多为"向外弧的容量总和"。因此，从 s 出发能流向 t 的流量，顶多为"向外弧的容量总和"。根据前面得出的结论，当前流 f 的流量正好达到了"向外弧的容量总和"，所以 f 是最大流。

作为输入的图中各条弧的容量都是整数，在福特－富尔克森算法的每一次更新中，流量的数值都至少增加 1。所以，当最大流的流量为 F 时，更新次数最多不会超过 F 次。

图 6.9 中给出了一个输入例，这个示例对福特－富尔克森算法很不利。该图中，最大流的流量是 2000，而在采取某些方法选择增广路时，每次更新，流量都只能增加 1，总共需要 2000 次更新（见图 6.10）[①]

① 福特－富尔克森算法中的更新次数依赖于增广路的选取方法。正因为如此，有观点认为，福特－富尔克森算法应该叫"福特－富尔克森方法"，"算法"应该有确定的具体的执行步骤，同时其复杂度（也就是更新次数）也应该是可以确定的。而当前的福特－富尔克森"算法"并非如此。

——译者注

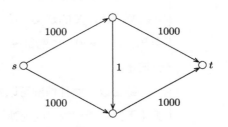

图 6.9 对福特－富尔克森算法不利的输入例

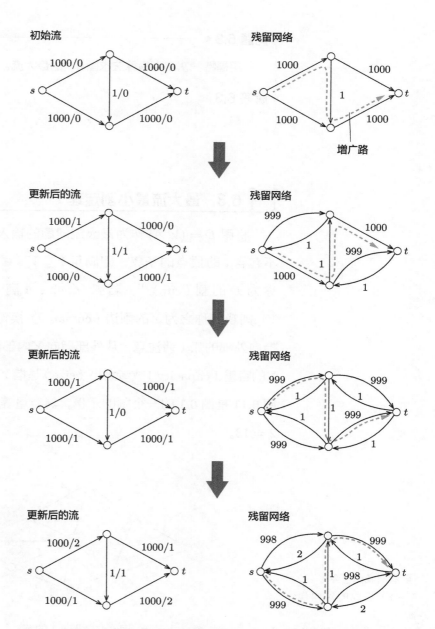

图 6.10　用福特－富尔克森算法处理图 6.9 时，每次更新，流量只能增加 1

问题 6.3 ●

用福特 – 富尔克森算法求图 6.1 的最大流。

解答 6.3

略。

6.3 最大流最小割定理

将图 $D = (V, A)$ 作为最大流问题的输入。我们将包含 s 但不包含 t 的顶点的子集，即满足 $Y \subseteq V, s \in Y, t \notin Y$ 的集合 Y，称为 D 的**割**（cut）[1]。若弧 $(u, v) \in A$ 满足 $u \in Y$ 及 $v \in V - Y$，则我们称之为 Y 的**割边**（cut arc）。换句话说，割边是从 Y 指向外部的弧（请注意，从外部指向 Y 内部的弧不是割边）。割 Y 的**容量**（capacity）或者**大小**（size）是指 Y 的割边的权值总和。图 6.11 是图 6.1 的一个割的示例，其容量等于 $2 + 1 + 4 + 4 + 2 = 13$。

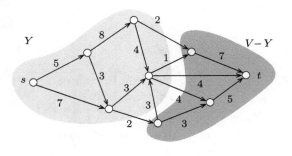

① 有时我们也会将（Y，$V - Y$）组成的对叫作割。

——译者注

图 6.11 图 6.1 的割

　　图 D 的割中容量最小的割，称为图 D 的**最小割**（minimum cut）。

问题 6.4

　　求图 6.1 的最小割。

解答 6.4

　　如图 6.12 所示。

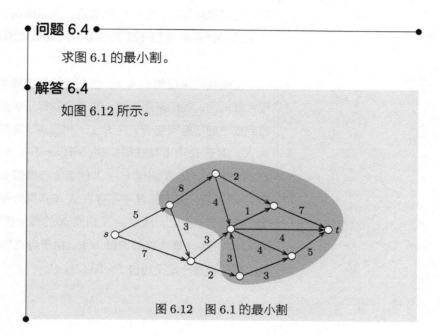

图 6.12　图 6.1 的最小割

　　以下是著名的**最大流最小割定理**。

定理 6.2　　**最大流最小割定理**

　　对任意的图都有最大流的流量等于最小割的容量。

证明 6.2

　　令图 D 中最大流的流量为 F，最小割的容量为 C。由定理 6.1 的证明过程可知，$F \leqslant C$ 必然成立。换句话说，若最小割为 Y，则从 Y 流向外部的流量不能超过 C，所以最大流的流量也不可能超过 C。

　　下面我们来证明 $C \leqslant F$。这部分论证过程和定理 6.1 的证明过程大致相同。我们来用福特－富尔克森算法求最大流。思考算法执行完成时的残留网络 R。在 R 上，将顶点 s 能到达的顶点的集合记为 X。由于 R 中不存在增广路，所以 t 不在 X 中。因此，X 是图 D 的一个割。从 X 指向 $V - X$ 的弧（向外弧）的容量总和，即为割 X 的容量。由于在 R 中不存在从 X 指向外部的弧，所以向外弧全都占满了，反之，从 $V - X$ 指向 X 的弧全都没用到。这样一来，割 X 的容量 ＝ 最大流的流量 ＝ F。由于存在容量为 F 的割，所以最小割的容量一定不超过 F，即 $C \leqslant F$。

1. 思考图 6.13。请画出图 6.14 中的流所对应的残留网络，并找出残留网络上的增广路。

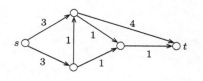

图 6.13　参考图

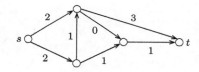

图 6.14　画出残留网络并找出增广路

2. 求图 6.13 中最大流的流量。

3. 求图 6.13 中的最小割。

第7章 匹配问题

对图的顶点进行配对即为匹配。匹配主要应用于二部图，所以本章着重介绍二部图中的匹配。7.2 节会介绍图中有完美匹配的充分必要条件。7.3 节会介绍求解最大匹配的匈牙利算法。此外，上一章中介绍的用于最大流问题的算法也可以用来求解匹配问题，具体内容会在 7.4 节介绍。

7.1　什么是匹配

本章只讨论无向图。设 M 为图 $G=(V, E)$ 的边集合的子集，即 $M \subseteq E$。如果 M 中的任意两条边都没有共同顶点，我们则称 M 为 G 的一个**匹配**（matching）。

问题 7.1

找出图 7.1 中的一个匹配。

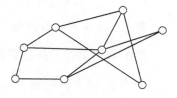

图 7.1　找出匹配

解答 7.1

图 7.2a 中粗线表示的边集合即为匹配的一例。另外，在图 7.2b 中，有两条边共用了一个顶点，所以该图中的边集合不是匹配。

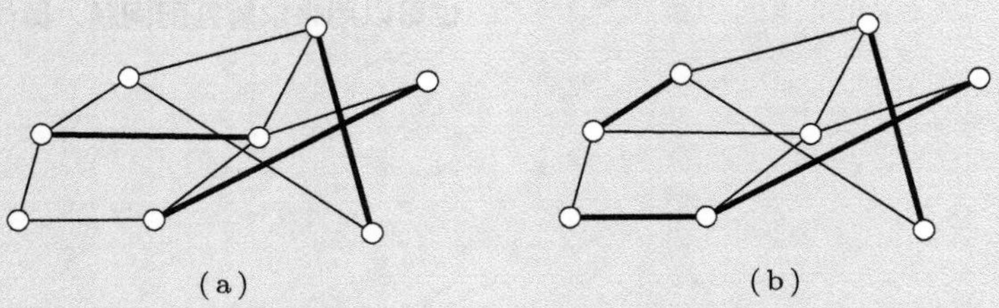

（a）   （b）

图 7.2   边集合是否为匹配

请注意，根据匹配的定义，哪怕是只由一条边构成的集合，也是一个匹配，甚至空集合也是一个匹配。

匹配主要应用于二部图。对于二部图 $G = (U, V, E)$，比如说，用 U 中的顶点表示员工，用 V 中的顶点表示工作。当员工 u 可以担任工作 v 时，有 $(u, v) \in E$。假设每个人不能同时承担两份工作，并且每份工作只要一个人就够了。在这种情况下，图 G 中的匹配就对应了在满足上述条件下给员工分配工作的方案（参见图 7.3）。

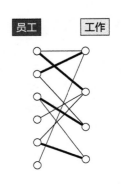

图 7.3   图匹配的一个实际应用场景

再比如，用 U 中的顶点表示男生，用 V 中的顶点表示女生。如果认为男生 u 和女生 v 可以交往，就有 $(u,v) \in E$。这时，图 G 中的匹配就相当于情侣的集合（参见图 7.3）。

如果某顶点与 M 中的边相关联，我们说该顶点**被匹配**（matched）。M 中边的条数称为 M 的**大小**（size），用 $|M|$ 来表示。

对于 $G = (V, E)$ 的匹配 $|M|$，如果向 M 中添加 $E - M$ 中的任何一条边都能使之变为非匹配，我们则称 M 是**极大匹配**（maximal matching）。如果 M 是 G 的所有匹配中边数最大的，我们则称 M 是**最大匹配**（maximum matching）。最大匹配一定是极大匹配，反过来却不一定。

问题 7.2

请举出一个是极大匹配却不是最大匹配的例子。

解答 7.2

对于图 7.4a 中给出的图，b 的上图所示的匹配是一个极大匹配。但是，对于同一个图，能找到一个大小为 2 的匹配（图 7.4b 下图），所以它不是最大匹配。

(a)　　　　　　　　　(b)

图 7.4　是极大匹配却不是最大匹配的例子

如果所以顶点都被匹配到了，我们则称该匹配为**完美匹配**（perfect matching）。如果 M 是完美匹配，则有 $|M| = |V|/2$。

7.2   二部图中的匹配

本节来讨论，满足 $|U| = |V|$ 的二部图 $G=(U, V, E)$ 中的匹配问题。

问题 7.3

请判断图 7.5 中的两个图是否具有完美匹配？如果有，请给出具体的匹配。如果没有，请简明阐述理由。

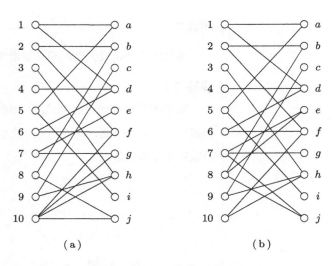

图 7.5   判断是否具有完美匹配

● **解答 7.3**

图 (a) 有完美匹配，图 (b) 没有完美匹配（参见图 7.6）。在图 (b) 中，与左侧顶点 3、4、6、10 连接的只有 d、f、h 三个顶点，所以，无法实现完美匹配。

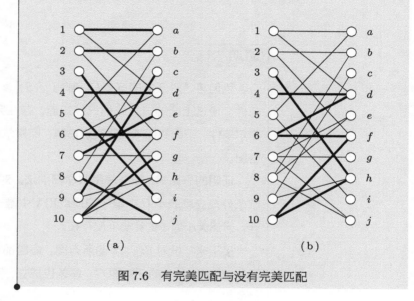

(a)　　　　　　　　　　　(b)

图 7.6　有完美匹配与没有完美匹配

通过问题 7.3b 可以看出，如果存在某个集合 $S \subseteq U$ 使得 $|\delta(S)| \geqslant |S|$ 成立，则 $G=(U, V, E)$ 中不存在完美匹配。其中，$\delta(S)$ 表示与 S 内的至少一个顶点相邻的顶点的集合。那么，上述命题反过来还成立吗？回答是肯定的。也就是说，只要这样的 S 不存在，G 中就一定有完美匹配呢。下面笔者来介绍由菲利普·霍尔（Philip Hall）证明并命名的**霍尔定理**。

定理 7.1	霍尔定理

G 中存在完美匹配的充分必要条件是，对任意的 $S \subseteq U$，都有 $|\delta(S)| \geqslant |S|$ 成立。

证明 7.1

我们将"对任意的 $S \subseteq U$，都有 $|\delta(S)| \geqslant |S|$ 成立"称为**霍尔条件**。通过上面的讨论我们已经知道，存在完美匹配则一定满足霍尔条件。下面我们来证明其逆命题，即霍尔条件成立则存在完美匹配。

证明的思路是对 $|U|$ 使用数学归纳法。对于 $|U| = 1$ 的图，霍尔条件成立就表示 U 中唯一的顶点和 V 中唯一的顶点之间有边相连，显然大小为 1 的完美匹配存在。

接下来，设对 $|U| \leqslant k$ 的所有图，命题都成立。我们来证明对满足 $|U| = k + 1$ 的任意图 G，命题也成立。下面分两种情况进行讨论。

● 情况 1　对任意非空的 $S \subset U$，都有 $|\delta(S)| \geqslant |S|+1$ 成立的情况

虽然只要 $|\delta(S)| \geqslant |S|$，霍尔条件就成立，但是这里我们讨论有一个顶点富余的情况（需要注意，当 S 为空集时，或者当 S 为 U 本身时，这个条件绝对无法成立。所以这里要求"非空的 $S \subset U$"）。对于这种情况，我们可以从图中任取一条边，比如 $(1, a)$，将其删除，同时删除顶点 1、顶点 a，以及与它们关联的所有边。将得到的图记为 $G' = (U', V', E')$。$|U'| = k$，根据情况 1 的前提条件可知，G' 满足霍尔条件（由于本身就多一个顶点，所以删掉 a 也没关系）。

于是，根据归纳假设，G' 中存在完美匹配 M'。$M' \cup \{(1, a)\}$ 正是 G 的完美匹配，情况 1 证明完毕。

● **情况 2　对于非空的 $S \subset U$，都有 $|\delta(S)| = |S|$ 的情况**

　　换句话说，这个 S 是个刚刚好满足霍尔条件的子集。首先，我们来思考由 S 和 $\delta(S)$ 导出的导出子图 G_1。因为 G 满足霍尔条件，所以 G_1 同样满足霍尔条件。又由于 S 是 U 的真子集，所以 $|U| \leqslant k$。于是，根据归纳假设，G_1 中有完美匹配 M_1（参见图 7.7a）。

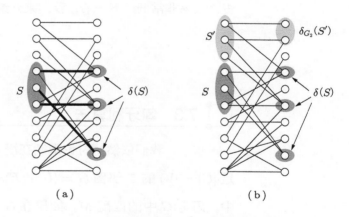

图 7.7　$|\delta(S)| = |S|$ 的情况

　　接下来，从 G 中删除 $S \cup \delta(S)$ 中的所有顶点，同时删除与其相关联的所有边。我们将得到的新图记为 $G_2 = (U_2, V_2, E_2)$。下面我们用反证法来证明 G_2 满足霍尔条件。反之，若 G_2 不满足霍尔条件，则存在 $S' \subset U_2$ 使得 $|\delta_{G_2}(S')| < |S'|$ 成立。这里 S' 的相邻顶点不再以图 G 中的邻接关系为基础，而是以图 G_2 中的邻接关系为基础。现在我们在原来的图 G 中，思考 $S \cup S'$ 这个顶点集合（见图 7.7b）。根据定义，$\delta(S)$ 和 $\delta_{G_2}(S')$ 不相交，所以有

$|\delta(S \cup S')| = |\delta(S)| + |\delta_{G_2}(S')| < |S| + |S'| = |S \cup S'|$，而这与 G 满足霍尔条件这一前提相矛盾。综上所述，G_2 满足霍尔条件且 $|U_2| < k$，于是，根据归纳假设，一定存在完美匹配 M_2。$M_1 \cup M_2$ 就是 G 的一个完美匹配。

霍尔定理很好地刻画了二部图中完美匹配的存在性。但是，为了验证霍尔条件是否成立，必须对 $2^{|U|}$ 个子集逐一进行检查，效率非常低。下一节，我们来介绍高效求解最大匹配问题的算法。

7.3　匈牙利算法

本节，我们依然将讨论限制在满足 $|U| = |V|$ 的二部图 $G = (U, V, E)$ 中。思考 G 中的匹配 M。如果在 G 的一条路中，M 的边和 $E - M$ 的边交错出现，则称该路为 M 的**交错路**（alternating path）。例如，$5a1d6$ 就是图 7.8 中的一条交错路。

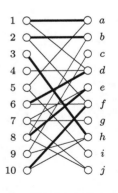

图 7.8　交错路和增广路

如果一条交错路的首尾两顶点都没有被 M 匹配，我们则称该路为**增广路**（augmenting path）。例如，$7e8j$ 就是图 7.8 中匹配的一条增广路。根据定义，由增广

路的首尾顶点构成的边，一定不在匹配中。所以，增广路的长度
（即路中的边数）一定是奇数。

对增广路上的各边进行属性互换操作（也就是将本属于 M
的边从 M 中删除，将不属于 M 的边加入 M 中），依然可以得到
一个匹配。并且，这个新的匹配比原来的 M 大 1。换句话说，对
某个匹配找到其对应的一条增广路，并执行上述操作，就会得到
一个比原先的匹配大的新匹配。反之，如果找不到增广路，就可
以说当前的匹配已经是最大匹配了。

定理 7.2

M 为最大匹配的充分必要条件是 M 中不含增广路。

证明 7.2

要证明的定理等价于命题"M 为**非**最大匹配的充分必要条件
是 M 中**含有**增广路"，我们证明该命题即可。如果 M 中有增广路，
按照前文内容操作，可以得到比 M 更大的匹配，也就是说，M 不
是最大匹配。下面我们来证明它的逆命题。

假设 M 不是最大匹配，令 M^* 为最大匹配（之一）。于是，我
们有 $|M^*| > |M|$（参见图 7.9）。

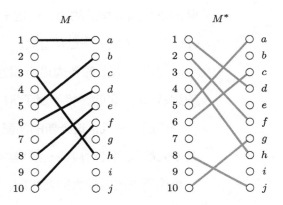

图 7.9　图的匹配与最大匹配一例

下面思考将 M 和 M^* 合并在一起所构成的图。当 M 和 M^* 包含同一条边时，我们允许新图中包含平行边（参见图 7.10）。

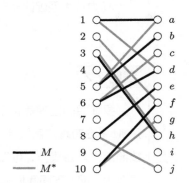

图 7.10　将两个匹配合并在一起构成的图

这个新图中的连通分支（不考虑由孤立顶点构成的连通分支）都是由 M 中的边和 M^* 中的边交替出现所构成的路或圈。如果是偶数长的路，或者圈，则其中包含的 M 边的条数和 M^* 边的条数恰好相等。对于奇数长的路，如果首尾两条边都是 M 中的边，则

路中会多一条 M 的边；同样，如果首尾两条边都是 M^* 中的边，则路中会多一条 M^* 的边。因为现在是 $|M^*| > |M|$ 的状态，所以至少存在一条奇数长的路 P 且首尾两条边都是 M^* 中的边（比如，图 7.10 中的 $2f10g$）。由于 P 上的 M^* 的边都不在 M 中，所以 P 是交错路。又因为 P 的两端点都没有被 M 匹配，所以 P 只能是增广路。

下面笔者来介绍利用定理 7.2 求解最大匹配的**匈牙利算法**（Hungarian method）。匈牙利算法的流程和上一章讲过的福特－富尔克森算法的流程非常相似。

步骤❶ 求出任意一个匹配 M。

步骤❷ 找出 M 的一条增广路。如果能找到，则用该增广路对 M 进行更新，并返回步骤❷。若找不到增广路，则进入步骤❸。

步骤❸ 输出 M。

由定理 7.2 可知，上述算法的输出就是最大匹配。问题在于步骤❷，如何在存在增广路的情况下找到增广路呢？我们来看看下面的子算法。

子算法【AUGPATH】

❶ 在 U 中选择一个未被 M 匹配到的顶点 u。

❷ 将与 u 相邻的 V 中的顶点集合记为 T_1。

❸ 如果在 T_1 中存在未被 M 匹配到的顶点,则得到一条(长度为 1)的增广路。

❹ 如果 T_1 中的所有顶点都被 M 匹配到了,则将与这些顶点相匹配的 U 中顶点的集合记为 S_1。

❺ 在 V 的顶点中,找出与 S_1 中至少有一点相邻且不在 T_1 中的顶点,并将这些顶点构成的集合记为 T_2。

❻ 如果在 T_2 中存在未被 M 匹配到的顶点,则得到一条(长度为 3)的增广路。

❼ 如果 T_2 中的所有顶点都被 M 匹配到了,则将与这些顶点相匹配的 U 中顶点的集合记为 S_2。

❽ 以此类推,循环下去。

下面我们以图 7.11a 中的匹配为例,看看用 AUGPATH 求解增广路的具体流程。首先,我们让 7 作为❶中的顶点 u。7 与 e、g、j 相邻,所以 $T_1 = \{e, g, j\}$(参见图 7.11b)。其中,j 没有被 M 匹配到,于是我们找到了 $7j$ 这条增广路。

我们用同样的图,同样的匹配,换一个初始顶点 u,看看情况如何(参见图 7.12)。这次,在❶中,我们让 $u = 5$。于是,$T_1 = \{a, h\}$(参见图 7.12a)。因为 a 和 h 都被 M 匹配到了,所以进入❹,得到 $S_1 = \{1, 3\}$(参见图 7.12b)。接下来是❺,与 1 或 3 相邻且未被 M 匹配到的只有 d 一点,所以 $T_2 = \{d\}$。最后,

d 没有被 M 匹配到，于是我们找到了 $5a1d$ 这条增广路。

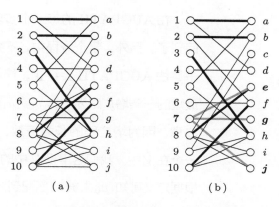

图 7.11　选择 7 作为子算法 AUGPATH ❶中的顶点 u

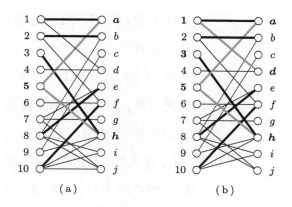

图 7.12　选择 5 作为子算法 AUGPATH ❶中的顶点 u

在使用 AUGPATH 搜索增广路时，需要遍历步骤❶中所有可能的 u。至于搜索过程是否会终止，在存在增广路的情况下是否一定可以找到它，我们下面来讨论（由于严密的论述要花费很长篇幅，以下笔者只给出大概思路，点到为止）。

在 AUGPATH 的每一个步骤中，G 中都至少有一条边被访问到了。另外，整个流程中，不会有同一条边被访问两次。所以，子算法 AUGPATH 会终止。接着，假设存在增广路，并令其中最短的一条增广路为 $P = u_0 v_1 u_1 v_2 u_2 v_3 \cdots v_k u_k v_{k+1}$（图 7.13）（请注意，因为增广路的长为奇数，所以路的两端点，一个在 U 中，一个在 V 中。我们这里设 U 中的端点为 u_0，V 中的端点为 v_{k+1}）。根据定义可知，u_0 未被 M 匹配到。所以在 AUGPATH 的步骤❶中，u_0 有可能被选中。在选择 u_0 执行到步骤❷时，v_1 会加入到 T_1 中。假如有其他 v_i 也和 u_0 相邻，$u_0 v_i u_i v_{i+1} u_{i+1} \cdots v_k u_k v_{k+1}$ 就成了一条比 P 更短的增广路，这与 P 最短的假设矛盾。所以，除 v_1 以外的 v_i 都不会加入 T_1 中。接下来在步骤❹中，u_1 加入 S_1 中，而已知 v_i（$i \geqslant 2$）不在 T_1 中，所以 u_i（$i \geqslant 2$）也不会加入到 S_1 中。重复此过程，对每个 i 都可以得到 v_i 在 T_1 中以及 u_i 在 S_i 中的结论。最后 v_{k+1} 加入到 T_{k+1} 中。又知道 v_{k+1} 并未被 M 匹配到，于是我们就得到了增广路 P（准确来说，如果还有其他长度相同的增广路，根据执行顺序，也有可能在找到 P 之前先得到其他增广路。这里主要想说明的是 P 这条增广路至少不会被遗漏掉）。

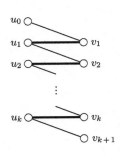

图 7.13　增广路一例

7.4 用求解最大流问题的算法求解匹配问题

第 6 章中介绍过的求解最大流问题的算法也可以用来求解二部图的最大匹配问题。

在原来的二部图 $G = (U, V, E)$ 的基础上按照以下要求进行改造，构造出最大流问题中的有向图 D（参见图 7.14）。

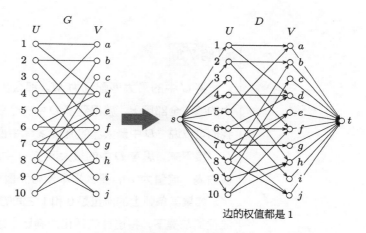

图 7.14 将二部图的最大匹配问题转化成最大流问题

· D 是边赋权的有向图，权值表示容量。

· D 的顶点集合为 G 的顶点集合 U、V 加上源点 s 和汇点 t 所形成的集合。

· 从 s 出发到 U 中的每个顶点都连上一条弧。从 V 中的每个顶点出发到 t 都连上一条弧。

· U 和 V 之间的弧集合与 G 的边集合 E 相同，并且弧的方向全部是从 U 指向 V。

· 弧的容量全部为 1。

定理 7.3

G 中最大匹配的大小和 D 中最大流的流量相等。

证明 7.3

将 G 中的最大匹配记为 M。那么，将 M 中的边（对应的 D 中的弧）全部用上，就得到了 D 中一个总流量为 $|M|$ 的流。所以，我们可以说"D 中最大流的流量 $\geqslant G$ 中最大匹配的大小"。

接下来，思考 D 中的最大流 f。f 中的每条弧，要么容量全部被占满（流量为 1），要么根本没有流量（具体理由这里就不详述了。如果某条弧上的流量是 0 和 1 之间的值，我们可以在不减少总流量的前提下，将这种流转化为满足上述条件的"0-1 流"）。在 U 和 V 之间的弧中，把 f 流过的弧的集合记为 F。因为 F 中弧的容量全都为 1，所以最大流 f 的总流量等于 $|F|$。同时，F（所对应的 G 中的边集）构成 G 中的一个匹配。之所以这么说，是因为假设 $v \in V$ 和 F 中的两条弧都关联，那么在流 f 中，流入 v 的流量为 2。但由于每条弧 (v, t) 的容量都是 1，所以从 v 流出的流量只能为 1。这违背了流量守恒原则。同样，我们可以证明 $u \in U$ 也不可能和 F 中的两条弧相关联。综上所述，我们证明了有大小为 $|F|$ 的匹配存在。所以，G 中最大匹配的大小 $\geqslant D$ 中最大流的流量。

章末习题

1. 求图 7.15 中 (a) 和 (b) 的最大匹配。

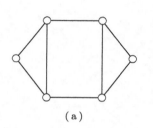 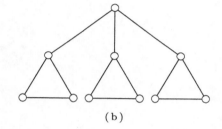

(a)　　　　　　　　　　　(b)

图 7.15　求最大匹配

2. 找出图 7.15 的 (a) 和 (b) 中,非最大匹配的极大匹配。

3. 找到一个图,使得该图中任意的极大匹配都是最大匹配。

4. 证明:任意极大匹配的大小都不小于最大匹配大小的一半。

5. 证明:当 $k \geqslant 1$ 时,k-正则二部图必有完美匹配。

第8章　章末习题解答

8.1　第1章答案

1. 假如不存在题目中那样的两个顶点，也就是说，所有顶点的度各不相同。我们这里只考虑简单图。对于有 n 个顶点的图，各顶点的度为从 0 到 $n-1$ 的某个值，一共有 n 种。所以，图中从度为 0 的顶点到度为 $n-1$ 的顶点各有一个。度为 0 的顶点与其他顶点都不相邻，而度为 $n-1$ 的顶点与其他顶点都相邻。这显然是矛盾的。

2. 将 1、3、5 任意对应到 a、b、c，将 2、4、6 任意对应到 d、e、f 的映射，都是同构映射。有 $3! = 6$ 种方法将 1、3、5 映射到 a、b、c。同样，也有 6 种方法将 2、4、6 映射到 d、e、f。所以同构映射的个数是 $6 \times 6 = 36$。反之，将 1、3、5 对应到 d、e、f，同时将 2、4、6 对应到 a、b、c 的映射，也是同构映射，同构映射的个数也是 36。综上所述，一共有 72 个不同的同构映射。

3. 不能。例如，答案示意图 8.1 中的两个图都有 4 个顶点和 3 条边。图 (a) 中存在度为 3 的顶点，而图 (b) 中不存在这样的顶点。所以它们之间找不到同构映射。

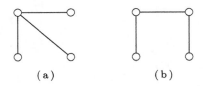

答案示意图 8.1

4. 不能。例如，答案示意图 8.2 中的两个图都有 6 个顶点和 6 条边，并且度序列均为 $(2, 2, 2, 2, 2, 2)$。但是，图 (a) 是连通图，而图 (b) 不是。显然，它们不同构。

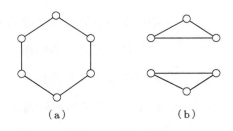

答案示意图 8.2

5. (1) 不存在。所有顶点的度之和为奇数，根据握手定理，这样的图不存在。

(2) 不存在。若 A^3 的 (i, i) 元素不为 0，则从顶点 v_i 到 v_i 存在

一条长为 3 的途径。而长为 3 的途径只有长为 3 的回路这一种可能。设这条回路上的另外两个顶点为 v_j 和 v_k。则 A^3 的元素 (j, j) 和元素 (k, k) 也不可能为 0。

6. 有 $2n$ 个顶点的完全图 K_{2n} 的边数等于 $C_{2n}^2 = 2n^2 - n$，而 G 的边数等于 n^2。所以，$\overline{G}$ 的边数等于 $2n^2 - n - n^2 = n^2 - n$。（另一种解法）$\overline{G}$ 由有两个 n 顶点的完全图 K_n 组成。K_n 的边数等于 $C_n^2 = \frac{n(n-1)}{2}$，所以 $\overline{G}$ 的边数等于 $2 \times \left(\frac{n(n-1)}{2} \right) = n^2 - n$。

7. 将有 6 个顶点的完全图中的各顶点视为 6 个人。若 u 和 v 相识，则给边 (u, v) 涂红色。若 u 和 v 不相识，则给边 (u, v) 涂蓝色。无论对图如何涂色，都能在图中找到由三条红色边组成的长为 3 的回路（以下简称为"红色三角形"）或者蓝色三角形——我们只要证明这个命题即可。从图中随便选择一个顶点，记为 v。v 与其他 5 个顶点相连的边中，要么至少有 3 条红边，要么至少有 3 条蓝边（不然的话，最多就只有 4 条边了）。假设至少有 3 条红边（至少有 3 条蓝边的情况同理），令 v 上红边的另一端的顶点为 v_1、v_2、v_3。这三点之间也有三条边。如果其中一条边为红色，比如 (v_1, v_2) 为红色，则 v、v_1、v_2 构成了一个红色三角形。如果这三条边都是蓝色，则 v_1、v_2、v_3 构成了一个蓝色三角形。

8.2 第 2 章答案

1. 和定理 2.1 一样证明即可。下面给出证明的大概流程。将普里姆算法的输出记为 T。假设 T 不是最小生成树，那么一定存在开销更小的最小生成树 T'。因为 T 是普里姆算法的输出，所以我们可以按照算法选取的顺序对 T 的边进行编号。以这个编号为基准，（当 T' 有多个候选时）令 "T 与 T' 不同的第一条边"出现最晚（编号最大）者为 T'。

接下来思考普里姆算法选出第一条不在 T' 中的边时的情景（参见答案示意图 8.3）。这条边 e 连接了当前连通分支 R 和 R 外的一点 v。另一方面，在 T' 中，连通分支 R 和顶点 v 应该也是连通起来的，只是用到的是 e 以外的其他边（注意，到算法选出 R 为止出现的所有边也都在 T' 中。所以，R 在 T' 中也是可以定义的）。此时，沿着图上的边，从 v 向 R 走，把第一个进入 R 中的边记为 e'。将定理 2.1 的证明中的 e_1 换成 e'，再将 e_3 换成 e，然后分情况讨论即可。

当 $w(e) < w(e')$ 时，把 T' 中的边 e' 替换成 e，会得到一个比 T' 开销更小的生成树。这与 T' 是最小生成树的假设矛盾。当 $w(e) = w(e')$ 时，在 T' 中，把边 e' 替换成 e，就可得出与 T' 的选取方法相矛盾的结论。当 $w(e) > w(e')$ 时，我们可以说普里姆算法选择了 e，漏掉了权值更小的 e'，这与算法描述本身相矛盾。

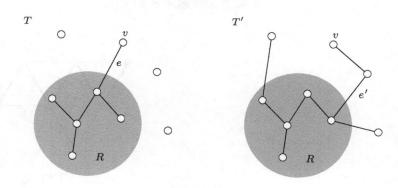

答案示意图 8.3

2. 如答案示意图 8.4 所示。

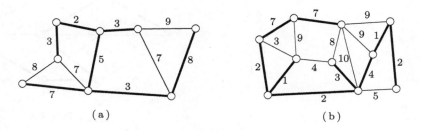

(a)   (b)

答案示意图 8.4

3. 如答案示意图 8.5 所示。

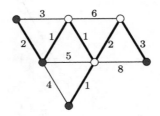

答案示意图 8.5

8.3 第 3 章答案

1. 如答案示意图 8.6 所示。

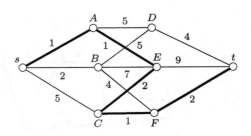

答案示意图 8.6

2. 迪杰斯特拉算法在步骤❸的 (3-2) 中对 $\delta(u)$ 进行更新时，改变了 u 的指针，使其指向了 v。而当 $\delta(u) = \delta(v) + w(s, v)$ 时，该算法对指针没有进行任何操作。修改后的算法也会，对

$\delta(u) = \delta(v) + w(v, u)$ 的情况进行指针操作。旧的指针留着不动，同时建立一个从 u 指向 v 的新指针。这就意味着，经由 v 的路径和新找到的（暂定的）最短路径，都可以经过同样的距离到达 u。最后，能从 t 出发逆着指针的指向一直回溯到 s 的所有路径都是最短路径。

3. 如答案示意图 8.7 所示。从 s 到 t 的最短路径的长为 6。图中存在三条最短路径。

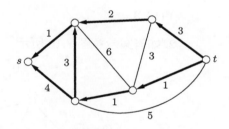

答案示意图 8.7

8.4　第 4 章答案

1. 可以举出答案示意图 8.8 和答案示意图 8.9 这样的例子。

(1)

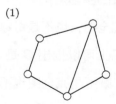

答案示意图 8.8

(2)

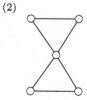

答案示意图 8.9

2.（要点）在狄拉克定理的证明中，为了证明"使得 (v_1, v_i) 和 (v_{i-1}, v_n) 都存在的 $i\,(3 \leqslant i \leqslant n-1)$"的存在性，我们用到了 $d(v_1) \geqslant \frac{|V|}{2}$ 和 $d(v_n) \geqslant \frac{|V|}{2}$ 这两个狄拉克条件。用奥尔定理的题设条件，也能证出这个 i 的存在性。

■ 8.5　第 5 章答案

1.(a) 4

(b) 3

2. 如答案示意图 8.10 所示。

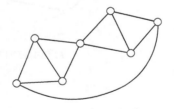 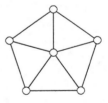

答案示意图 8.10

3. 完全图和奇数长的圈都是正则图。所以，当 G 是非正则图时，G 肯定既不是完全图，也不是奇数长的圈。于是，根据布鲁克斯定理，我们马上可以推出 G 是 $\Delta(G)$-可顶点着色的。另一方面，确实存在既不是完全图也不是奇数长的圈的正则图。对这样的图 G，布鲁克斯定理可以保证它是 $\Delta(G)$-可顶点着色的，而定理 5.2 无法保证这一点。

4. (1) 例如，图 5.10 有 $\chi'(G) = \Delta(G) = 5$。

   (2) 对于奇数长的圈有 $\Delta(G) = 2$ 且 $\chi'(G) = 3$，满足 $\chi'(G) = \Delta(G) + 1$。这里，$\chi'(G) = 3$ 成立的理由和顶点着色问题的情况一样。

5. 因为 G 是二部图，所以沿着 α 色的边会走到左侧（U 侧）顶点，沿着 β 色的边会走到右侧（V 侧）顶点。那么，想要到达 $v\,(\in V)$，就必须沿着 β 色的边走过去，但是根据假设，v 处并没有用到 β 色，所以这条路走不到 v。

8.6 第 6 章答案

1. 残留网络如答案示意图 8.11 所示。该图中标记为虚线的路为增广路。

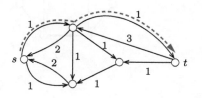

答案示意图 8.11

2. 5

3. 如答案示意图 8.12 所示。

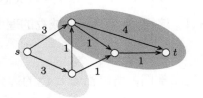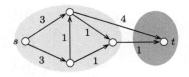

答案示意图 8.12

8.7　第 7 章答案

1. 如答案示意图 8.13 所示。

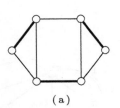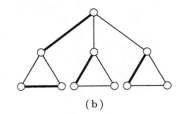

（a）　　　　（b）

答案示意图 8.13

2. 如答案示意图 8.14 所示。

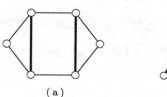 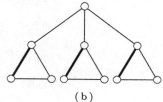

（a）　　　　　　　　　（b）

答案示意图 8.14

3. 如答案示意图 8.15 所示（这里给出了三个例子）。

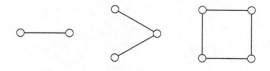

答案示意图 8.15

4. 设 M^* 为图 G 中的一个最大匹配。令 M 为大小不到 $\frac{\lfloor M^* \rfloor}{2}$ 的 G 中任意一个匹配，则存在两个顶点 u 和 v，使得 $(u, v) \in M^*$，但 u、v 都未被 M 匹配到。这样一来，$M \cup \{(u, v)\}$ 也是 G 中的一个匹配，因此 M 不是极大匹配。取逆否命题可得，任意极大匹配的大小都不小于 $\frac{\lfloor M^* \rfloor}{2}$。

5. 设 $G = (U, V, E)$ 为 k-正则二部图。由 $|E| = k|U| = k|V|$ 可知，

$|U| = |V|$。令 S 为 U 的任意子集。S 中的各顶点分别与 k 条边关联，一共有 $k|S|$ 条边。同时，这些边又都和 $\delta(S)$ 中的顶点关联。假如有 $|\delta(S)| < |S|$，$\delta(S)$ 中一定会出现度大于 k 的顶点，这与 k-正则二部图的前提条件相矛盾。综上所述，必有 $|\delta(S)| \geqslant |S|$，也就是说，$G$ 满足霍尔条件，所以必有完美匹配。

索 引

版 权 声 明